진짜 놀이 vs 가짜 놀이

부모 중심 놀이에서 벗어나
아이 주도 놀이로 나아가는 힘

진짜 놀이

양선영 지음

VS

가짜 놀이

카시오페아
Cassiopeia

아이와 어떻게 놀아 줘야 할지
막막한 부모들을 위하여

아이들의 놀이와 심리를 공부하지 않았더라면, 나는 어떤 엄마였을지 생각해 봅니다. 아마도 아이랑 놀기보다 더 많은 것을 가르치려 하고, 아이 마음에 공감하기보다 왜 그러냐며 다그치고, 아이가 스스로 하길 기다리기보다 답답해하며 대신해 주고 마는 엄마였을 것입니다.

지난 17년 동안 놀이치료사로 일하며, 놀이로 마음을 보여 준 아이들을 만난 덕분에 저는 많은 것을 배웠습니다. 아이가 스스로 할 수 있도록 기다리고, 아이의 마음을 이해하고, 진심으로 함께 놀이할 때 비로소 아이가 성장한다는 사실을 말입니다.

이 책의 시작은 제가 운영하는 연구소에서 진행한 '부모 자녀

놀이 코칭 워크숍'이었습니다. 유아기 아이에게 놀이란 무엇이며 '진짜 놀이'의 본질은 무엇인지 알려 주고, 실제 놀이의 기술을 부모들에게 교육하는 과정에서 부모와 아이의 관계가 변해 가는 모습을 보는 것이 제게 큰 보람이었습니다.

놀이는 아이들에게 본능이자 일상입니다. 하루 종일 놀이만 하라고 해도 할 수 있는 존재가 아이들이지요. 그중에서도 특히 4~7세의 놀이를 중점으로 다룬 이유는 놀이가 이 시기 아이들의 발달에 결정적인 영향을 미치기 때문입니다. 아이들은 놀이로 배우고 성장하고 발달합니다. 다음 발달 단계를 위한 기초를 다지는 중요한 시기이기도 하지요.

또한 이 시기 아이들에게 놀이는 감정과 생각을 표현하는 중요한 매개입니다. 아직 말로 하지 못하는 이야기를 아이들은 놀이를 통해 이미지와 정서로 보여 줍니다. 아이가 노는 모습을 세심히 관찰하면 아이의 어려움이나 소망, 욕구를 발견할 수 있습니다. 그리고 놀이 과정에서 아이는 자연스레 갈등을 건강하게 해소할 수도 있습니다. 이는 결과적으로 아이의 통합적인 발달을 돕습니다. 그러니 전 생애에 걸쳐 놀이를 떼어 놓고는 생각할 수 없는 시기가 바로 4~7세 유아기입니다.

이 책에서 말하는 '아이 주도 놀이'는 아이가 주도적으로 놀이를 선택하고, 목적 없이 그저 즐거운 놀이를 충분히 하는 것을 의미합니다. 학습을 위한 놀이는 놀이라 할 수 없습니다. 즐거움이 빠진 놀이는 가짜 놀이입니다. 진짜 놀이는 의도나 목표 없이 자발적으로 나의 욕구를 표현하는 놀이입니다. 이것이 놀이의 본질을 담은 진짜 놀이입니다. 가짜 놀이가 아닌 진짜 놀이를 해야 아이가 올바르게 성장할 수 있습니다. 이 책에는 우리 아이가 진짜 놀이를 할 수 있도록 부모가 함께하며 실천할 수 있는 놀이법을 정리해 담았습니다.

수많은 육아 서적에서 아이와 재미있게 놀 수 있는 놀이 목록은 많이 제시하고 있습니다. 하지만 놀이의 본질을 이야기하고 아이가 주도하는 진짜 놀이를 위해 무엇이 필요한지, 어떻게 부모가 도와줄 수 있는지 알려 주는 책은 많지 않습니다. 아이와 함께 놀 때 무엇을 어떻게 해 줘야 할지 모르겠는 부모에게, 아이와 놀아 주는 시간이 힘든 부모에게, 놀이 욕구가 채워지지 않는 아이를 둔 부모에게 이 책이 길잡이가 되길 바랍니다.

제가 하는 일을 존중해 주고 어려울 때마다 함께 고민해 준 남편과 늘 엄마를 믿고 사랑을 주는 두 딸에게 고마운 마음을 전합니다.

2024년 봄 **양선영**

차 례

Part 1

4~7세, 놀이로 성장하는 결정적 시기

Chapter 1
놀이로 자라는 아이들

Chapter 2
아이가 주도해야 진짜 놀이다

Part 2

진짜 놀이 실전편:
아이의 성장과 발달을 촉진하는 42가지 놀이

Part 1

4~7세,
놀이로 성장하는
결정적 시기

Chapter 1

놀이로 자라는 아이들

놀지 못하는 요즘 아이들

나는 놀이로 아이들의 마음을 들여다보고 아이들의 어려움을 다루는 놀이치료사로 17년을 일했다. 그간의 경험을 통해 나는 충분히 놀며 놀이 욕구를 충족시킨 아이가 내면이 단단한 아이로 성장한다는 것을 확신하게 되었다. 이에 반해 어린 시절의 놀이 경험이 부족하고, 이른 학습이나 과도한 통제 환경에 놓여 있던 아이들은 내면의 힘을 키우지 못한 채 성장하는 모습을 보인다. 이런 아이들은 어려움이 닥쳐도 회복하는 데 긴 시간과 노력이 든다. 발달 과정상 영유아 시기, 특히 4~7세 유아들에게 놀이는 다양한 발달을 통합적으로 이뤄 내는 중요한 도구가 된다. 전 생애 중에 '놀이'가 가장 중요한 시기라고 볼 수 있다.

아이들의 놀이를 방해하는 것들

안타깝게도 충분히 놀며 행복하게 자라야 할 이 시기 아이들이 요즘 제대로 놀지 못하고 있다. 아이들이 놀지 못하는 이유를 살펴보자.

첫 번째는 기술의 혁신적인 발전과 연관된다. 스마트 기기가 아이들의 놀이를 대체하고 있다. 우리가 어릴 때만 해도 스마트폰의 존재는 상상조차 하지 못했다. 이미 성인이 된 후 스마트폰을 접한 어른들도 스마트폰을 보기 시작하면 시간 가는 줄 모르고 그 안에 빠져든다. 하물며 자기조절능력이 미숙한 아이들은 어떨까. 더욱 쉽게 빠져들고 빠져나오기는 더 어렵다. 발달 과정상 4~7세 시기는 아이들의 놀이 욕구가 가장 증폭하는 때이다. 인형이나 공룡을 가지고 상상 놀이를 하거나 신체 놀이에 한창 몰두하며 신체와 정서 그리고 뇌를 발달시켜 나간다. 하지만 요즘에는 아이들이 이런 놀이보다 스마트 기기에 더욱 매료되어 있다. 스마트 기기의 자극에 빠져들다 보니 놀잇감을 통한 상상 놀이나 신체 놀이는 뒷전이 되었다. 다양한 신체 놀이와 상상 놀이는 이 시기 아이의 두뇌 발달, 특히 전두엽 발달에 여러 자극을 준다. 그러나 스마트 기기가 주는 자극은 뇌의 전두엽이 아닌 후두부, 즉 시각적 자극에 머문다. 스마트 기기에 많이 노출된 아이들은 뇌를 골고루 사용하지 못하고 시각적 자극만을 받기에 전두엽 발달에 문제가 생길 수 있다.

두 번째로, 요즘 아이들은 너무 이른 시기부터 학습 요구를 받고 있다. 선행 학습과 조기교육에 대한 과열된 관심과 부모들의 욕심으로 놀이는 점차 뒷전으로 밀리고 있다. 이런 분위기 속에서 아이들의 놀이 시간은 절대적으로 부족해졌으며, 놀이의 본질적인 의미 또한 퇴색되고 있다. 너무 이른 시기에 학습적 요구에만 노출된 아이들은 놀이를 통해서 배우는 정서적인 안정감, 감정과 행동을 조절하는 능력, 공감하고 배려하는 능력, 함께 어울리며 협동하는 방법을 배우지 못한다. 놀이에는 절대적으로 경험의 시간이 필요하다. 놀 수 있는 시간이 충분하게 있어야만 그 안에서 생겨나는 다양한 경험을 통해 아이는 사회에서 살아갈 때 필요한 수많은 능력을 쌓을 수 있다.

놀이치료실에 온 6세 아이가 있었다. 아이는 나를 만나자마자 첫인사도 없이 광개토대왕 이야기를 늘어놓았다. 알고 보니 이 아이는 만 2세 때부터 한글 학습과 원어민 영어 수업, 과학 및 역사 수업을 받았다고 했다. 이 아이는 영어, 중국어 같은 외국어를 따라 할 수는 있었지만, 친구에게 다가가는 방법이나 공통된 관심사를 가지고 이야기하는 법, 친구의 마음이 어떤지 살펴보는 일에는 매우 서툴렀다. 그저 자신의 지식을 언어로 표현하는 것만 해 보았기 때문이다. 이렇듯 너무 빨리 학습에만 노출된 아이들은 사회적으로 배워야 하는 통합적 발달을 하지 못한다.

아이들의 성장에는 정서와 인지의 고른 발달이 필요하다. 만 3세가 되지 않은 아이를 앉혀 놓고 영어 비디오를 주기적으로 보여 주고, 4~5세 아이에게 초등학교 저학년이 공부하는 수학 문제를 풀게 하는 것은 결과적으로 아이들의 발달을 저해하는 행위다. 모든 발달에 결정적 시기가 있듯이, 놀이를 반드시 해야 하는 결정적 시기가 있다. 놀이의 욕구가 가장 증가하며 놀이의 창의성과 무한성이 커지는 4~7세 아이들에게는 놀이가 최적의 발달 도구다.

마지막으로 세 번째는 가족 중심 문화의 확산과 코로나19로 인한 환경의 변화다. 어린 시절 우리 집은 동네 작은 골목 입구 첫 번째 집이었다. 부모님은 생계를 꾸리느라 바빴기에, 나와 동생은 늘 골목에 나와 또래 아이들과 놀았다. 나는 주로 친구 집 앞마당에 핀 분꽃을 가지고 놀았는데, 씨를 까면 하얀 가루가 나와 그걸 얼굴에 바르며 화장 놀이를 했다. 꽃으로는 귀걸이를 만들었다. 그런 날은 외투를 허리에 두르고 패션쇼를 열기도 했다. 어떤 날은 또래 친구들을 골목에 앉혀 놓고 학교 놀이를 했다. 나는 선생님 역할을 좋아했는데, 그러면 골목 담벼락은 칠판이 되고, 돌멩이는 분필이 되었다.

예전에는 부모가 아이와 놀아 주지 못하면 동네가 혹은 옆집, 앞집 친구들이 그 역할을 해 주었다. 하지만 지금은 골목을 중심으로 한 동네가 사라졌다. 아파트 중심의 주거 문화가 그 자리를 대신하고 있으며, 생활 또한 가족 중심으로 바뀌었다. 여기에 코로나19로 인해 약 2년이 넘는 시간 동안 아이들은 또래와 단절되었다. 친구들과 만나려면 방역이 필요했고, 자연스럽게 만나던 놀이 상대가 사라지게 되었다. 이런저런 이유로 부모가 아이와 접촉하는 시간이 많아졌고, 놀아 주는 것이 부모의 역할 중 중요한 부분이 되어버렸다. 부모의 부담이 커져 버린 셈이지만, 그럴수록 더더욱 부모가 아이와 잘 노는 법을 배워야 한다.

아이들과 노는 일이 얼마나 힘든지 너무나도 잘 안다. 나 또한 아이들이 놀아 달라고 할까 봐 도망 다니고, 아픈 척도 해 보고, 실망하는 아이들의 얼굴을 외면한 적도 있다. 하지만 4~7세는 놀이할 수 있는 최적의 나이다. 아이들이 초등학교 고학년, 중학생만 되어도 더는 부모에게 놀아 달라고 요구하지 않는다. 이때가 되면 놀이로 아이에게 세상을 알려 주고 싶어도 어려워진다. 그러니 4~7세 놀이의 적기를 놓치지 않길 바란다. 오늘부터 아이들이 놀이를 요청할 때 어떻게 할 것인가? 아이에게 놀이는 정말 배고 플 때 먹는 밥과 같다. 아이들이 필요로 하는 바로 지금, 함께 놀이하는 기쁨을 누려 보길 권한다.

왜 놀이가 중요할까?

4~7세 아이들은 하루 종일 놀라고 해도 지치지 않는다. 부모는 아이들과 30분만 놀아 줘도 힘이 드는데, 왜 아이들은 지치지 않을까? 놀이가 본능이기 때문이다. 밥을 먹는 것처럼, 화장실에 가는 것처럼 놀이는 아이들에게 본능이고 일상이며, 지극히 자연스러운 발달 과정이다.

놀이는 아이의 본능이자 일상

아이들은 눈을 뜨고 일어난 순간부터 잠자리에 들 때까지 논다. 잠에서 깨 애착 이불을 만지작거리거나 얼굴에 부비적거리며 감각 놀이를 하고, 이불을 질질 끌고 거실에 나와 그 위에 앉아서 자기 얼굴을 가렸다 드러냈다 하며 엄마와 까꿍 놀이를 한다. 엄마가 차려 준 밥을 가지고도 밥알이 몇 개 들었는지 하나하나 떼어 세어 보는 놀이를 하기도 한다. 놀이는 그렇게 아이의 일상 안에 녹아 들어있다. 꼭 어떤 장난감이 있어야만, 놀이터 같은 장소가 있어야만 놀 수 있는 것이 아니다. 어느 곳이든 짧은 시간에라도 아이들은 놀 수 있다.

아이들은 끊임없이 상상력을 발휘하며 어떻게 놀지 궁리한다. 실제로 마트에 다녀온 날이면, 아이들은 거실에 과자를 진열해 놓고선 자신이 꾸민 마트에 물건을 사러 오라고 한다. 바코드 찍는 소리를 내고 카드 긁는 모습까지 흉내를 낸다. 어느 날은 장난감 기타로 공연을 한 뒤 엄마 아빠에게 박수를 유도하며 연예인이 되어 보기도 한다. 엄마 아빠가 '짠' 하고 맥주잔 부딪히는 걸 기억해 두었다가 친구와 요구르트를 마시면서 '짠' 하고 부딪히기도 한다. 모든 일상이 아이에게는 재미있는 것투성이다.

둘째 딸이 4살 때였던 것으로 기억한다. 책상 위에 큰아이의 준비물인 줄넘기가 놓여 있었다. 갑자기 둘째가 의자에 앉더니 줄넘기를 바닥으로 길게 늘어뜨렸다. 뭘 하는지 궁금해서 물어보니 "엄마, 나 낚시하고 있어. 물고기가 안 잡히네."라고 이야기했다. 줄

넘기가 낚싯줄이 되고, 아이는 낚시꾼이 되었다. 물고기가 없는 것을 고민하던 아이는 종이를 가져와 물고기 그림을 그리기 시작했다. 이내 물고기 그림을 바닥에 놓고 줄넘기 끝에 테이프를 붙여 물고기 그림을 낚아 올렸다. 아이는 물고기 세 마리를 잡았다며 좋아했다.

이 놀이가 그저 낚시 놀이에 불과할까? 그렇지 않다. 아이는 낚시 놀이를 통해 물고기 잡는 상상력을 발휘했다. 어떻게 하면 물고기를 잡을 수 있을까 생각하며 문제를 해결하기 위한 방법을 찾았다. 또한 물고기 그림을 그린 뒤 가위로 오리고, 그것을 건져 올리기 위해 테이프를 잘라 붙이는 과정에서 소근육을 발달시켰다. 잡은 물고기의 수를 세면서 수학 연산도 배웠다. 아이에겐 일상이 놀이이고, 놀이가 성장과 발달 그 자체라 할 수 있다.

놀이로 인지와 정서의 통합 발달이 가능하다

충분히 놀지 못한 아이는 적절하게 발달해 나가기 어렵다. 놀이를 통해 이룰 수 있는 다양한 발달의 통합이 이루어지지 않기 때문이다. 이는 정서 발달뿐 아니라 인지 발달도 마찬가지이다. 최근 상담실을 찾는 아이 중에 인지 발달은 평균 이상으로 뛰어나지만 정서 발달이 적절히 이루어지지 못한 아이들이 유독 많다.

민주도 그중 하나였다.

상담에서 만난 7세 민주는 불안감이 높아 부모와 분리가 잘되지 않았고, 틱 증상을 심하게 보여 상담센터를 찾아온 아이였다. 민주는 놀잇감으로 가득 차 있는 놀이치료실에 들어서서도 멍하니 초점이 없었고 불안해 보였다. 놀잇감을 보고도 뭘 해야 할지 몰라 한참을 망설이기만 하던 아이는 어떤 놀이도 시작하지 못했다. 민주는 만 3세가 되기도 전에 몇 자리 덧셈과 뺄셈을 암산으로 해내는 아이였다. 수학적 감각이 탁월한 민주를 위해 부모는 매일 숫자와 연산을 가르치며 아이의 재능을 키워 주고자 했다. 하지만 민주는 무기력하고, 예민하며, 불안감이 높은 아이가 되었다. 자신에게 주어지는 산수 문제를 푸는 데는 재능을 보였지만, 친구들과 어떻게 놀아야 하는지 알지 못했고, 다른 사람과 어떻게 즐겁게 시간을 보내야 하는지 배우지 못했다. 민주는 상담을 시작한 지 세 달이 지난 후에야 차츰 놀이의 즐거움을 알기 시작했으며, 처음으로 웃는 모습을 보이기 시작했다.

인간은 통합적인 발달을 해나가는 존재다. 인지적인 능력을 촉진하는 동시에 정서도 발달해야 하며, 도덕성과 사회성 발달도 함께 이루어야 한다. 인지능력은 탁월하나 도덕성, 사회성, 정서가 발달하지 않으면 인지능력 또한 잘 활용할 수 없다. 반대로, 사회성은 높으나 인지능력이 부족하고, 정서가 혼란스럽다면 성장 과정에서 맞닥뜨리는 문제를 원만하게 해결해 나갈 수 없다. 특히 유아기 발달에 있어서는 한쪽만이 아니라 다양한 영역을 고르게 발달시키는 통합 발달이 무엇보다 중요하다. 그리고 충분한 놀이를 통해서만이 이러한 통합 발달을 이룰 수 있다.

감정과 욕구를 표현하고 해소하는 놀이

놀이는 아이들이 자신의 욕구나 감정, 생각을 재경험할 수 있는 훌륭한 도구이기도 하다. 놀이치료 시 아이들이 사용하는 놀잇감 하나하나는 아이들 자신의 결핍된 욕구를 드러내거나 현재 자신이 처한 상황을 표현하기도 하고, 때로 트라우마를 끄집어내기도 한다. 그렇기에 아이가 어떻게 노는지 잘 살펴보면 아이의 마음을 읽을 수 있다.

상담실을 찾은 6세 수용이는 매우 위축되어 보이는 아이였다. 알고 보니 수용이 엄마는 아이가 조금이라도 잘못된 행동을 하거나 자신의 기준에서 벗어난 행동을 하면 용납하기 어려워하는 처벌적인 양육 태도를 지니고 있었고, 때문에 수용이는 집에서 늘 혼나는 아이였다.

수용이가 놀이 과정에서 처음으로 선택한 놀잇감은 집 모형이었다. 수용이는 집 모형을 방 가운데로 가져오더니, 집 모형 맨

위에 커다란 독수리 한 마리를 놓았다. 수용이는 독수리가 우리를 감시하고 있다며, 독수리 몰래 방으로 들어가야 한다고 말했다. 그러곤 나에게 동생 역할의 인형을 주었고, 자신은 오빠 역할의 인형을 가졌다. 우리는 독수리 몰래 집에 들어가 방을 어지르는 놀이를 했다. 수용이는 몇 번의 치료 과정에서 이 놀이를 반복하였는데, 놀이 초반에는 독수리에게 들킬까 봐 걱정하고 불안해하며 놀이를 멈추고 계속 확인하는 모습을 보였다. 하지만 놀이가 반복되면서 독수리를 새장에 가두기도 하고, 멀리 숲으로 보내버리기도 했다. 그런 후에는 행복한 표정으로 "선생님, 쟨 정말 멍청해요. 우리가 이러는지 모르니까요."라고 말했다.

수용이가 말하고 있는 독수리는 누구를 상징하고 표현하는 것일까? 수용이가 단 한 번도 "독수리는 우리 엄마예요."라고 말한 적은 없지만 나는 놀이를 통해 독수리가 수용이 엄마의 모습을 상징한다는 것을 알아차렸다. 처음에는 두려운 존재여서 피하기만 했지만, 아이는 조금씩 힘이 생기며 독수리를 가두거나 다른 숲으로 보내 버리기도 했다. 이 과정을 통해 아이는 차츰 자신의 목소리를 내기 시작했다. 다행히 수용이 엄마는 이런 아이의 마음을 잘 수용하였고, 양육 방식을 수정하고 변화를 위해 노력했다. 덕분에 치료 후반 수용이의 놀이 속 독수리는 애완 독수리가 되어 집 안으로 들어왔고, 가족들이 독수리에게 이름을 붙여 주면서 가족의 일원이 되었다.

수용이의 경우처럼 아이들은 놀이를 통해 자신에게 무엇이 필요한지를 무의식적으로 알아채고, 놀이 과정에서 자연스럽게 감정을 표현하고 욕구를 해소한다.

놀이만이 줄 수 있는 배움

며칠 전 아파트 단지의 놀이터를 지나가다가 6세 정도로 보이는 아이들이 놀고 있는 모습을 보았다. 그 앞을 지나는데 한 아이가 "여기는 지금 우주 공간이니 우주복을 입어야 들어갈 수 있습니다."라고 말하며 나를 가로막았다. 흥미가 생겨 "그래? 난 우주복을 깜박하고 안 가져왔네."라고 대답했더니, 다른 아이가 다가와서 자기에게 우주복이 하나 더 있다면서 내 몸 앞쪽으로 손을 뻗었다. 그리곤 '사사삭' 하는 효과음을 내더니 "이제 됐어요."라고 하였다. 상상 속의 우주복을 나에게 입혀준 것이다. "음. 그럼 난 이제 지나갈 수 있겠네."라는 내 대답에, 아이들은 수긍하며 나를 지나갈 수 있게 해 주었다.

아이들은 자신들은 우주인으로 지구인들이 재밌게 놀 수 있도록 이곳에 놀이터를 만들고 있다고 했다. 곧이어 다른 아이가 이제 여기에 새로운 놀잇감이 필요하다고 이야기했고, 또 다른 아이들이 다가와 무엇을 새로운 놀잇감으로 할지 의견을 내기 시작했다. "이걸 흔들리는 집으로 하면 어떨까?", "집이 되려면 문이 있어야지. 내가 저 의자를 가져올게." 곧이어 아이들은 그네 밑에 집을 만들겠다며 적당한 재료를 찾으러 근처 분리수거장 쪽으로 향했다. 아쉽게도 시간이 여의치 않아 발길을 돌려야 했지만, 나는 우주인이 된 아이들의 놀이가 어떻게 이어졌을지 무척이나 궁금했다.

함께 아이디어를 내고 타협하고 협력하여 멋진 놀이터를 완성했을까? 아니면 서로 의견이 달라 실랑이하며 다투다가 울면서 집으로 돌아갔을까? 만약, 울면서 각자의 집으로 돌아갔다고 해도 나는 아이들이 놀이 속에서 틀림없이 무언가 배웠을 거라 믿는다. 문제를 해결하는 법, 생각을 계획하고 실행에 옮기는 법, 생각을 정리해 말하는 법 등등. 뿐만 아니라 친구와 함께 도전하고, 의견이 다를 때 협상하고, 갈등 상황에서 부정적인 감정을 조절하는 능력도 길러졌으리라 장담한다.

놀이는 바로 이런 힘을 가진다. 이런 능력은 문제집을 푼다고 생기지 않으며, 영어 단어를 몇백 개씩 외운다고 알 수 있는 것이 아니다. 바로 함께하는 놀이를 통해서만 얻을 수 있는 소중한 배움이다.

4~7세 놀이의 특징

놀이에도 발달 수준에 따른 단계가 있다. 영아기 아이는 자신의 몸에 관심이 집중되어 있다. 때문에 자신의 발가락이나 손가락을 물고 빨고 느끼며 탐색하는 감각 놀이에 몰두한다. 영아들은 약 1년 동안 이러한 감각 놀이를 하다가 점차 사물과 타인에게로 관심 범위를 확장한다. 나의 몸에서 주변 세계로 관심이 이동하는 것이다. 아이가 장난감을 가지고 놀 수 있는 것도 나에게서 주변 사물로 관심이 확장되는 발달을 이루었기 때문에 가능한 일이다.

4~7세의 유아가 되면 영아기 때와는 확연히 다른 발달 단계를 보인다. 다양한 어휘를 사용하여 문장을 구사하기 시작한다. 가정

에만 있던 아이가 어린이집이나 유치원에 다니게 되며 선생님이나 또래와의 관계도 증가한다. 언어 확장, 신체 발달, 사회성 발달, 자기 주도성 발달, 정서의 분화 등이 가장 왕성하게 발달하는 시기가 바로 4~7세 유아기이다. 이때만큼 아이들이 하루가 다르게 변화하는 시기는 또 없을 것이다. 그렇다면 4~7세 유아들의 놀이에는 어떤 특징이 있을까?

상징 놀이가 가능해진다

이 시기 유아 놀이의 가장 중요한 특징은 바로 '상징'을 사용한다는 점이다. 이는 쉽게 말해 아이가 '연기'를 할 수 있게 되었다는 뜻이다. 이제 본격적으로 '~인 척' 하는 놀이를 시작하는 것이다. 작은 막대기를 가지고 요술봉이라며 마술 도구로 사용하기도 하고, 작은 구슬을 그릇에 모아 놓고는 밥이라며 먹는 흉내를 내기도 한다. 어떤 사물을 본래 쓰임대로 사용하는 것이 아니라 자신이 원하는 대로 의미를 부여하며 놀이하는 것이 바로 상징 놀이다. 그리고 이러한 상징 놀이의 황금기가 바로 4~7세이다.

상징 놀이가 중요한 이유는 아이들이 상징 놀이를 통해 발달 단계인 '추상적인 사고'를 할 수 있기 때문이다. 추상적인 사고가 발달한다는 것은 구체적이고 현실적인 물체 혹은 눈에 보이는 대상이 아닌 자유, 성장, 두려움 등 눈에 보이지 않는 추상적인 개념을 이해하는 것이다. 아이들은 놀잇감을 이용한 상징 놀이를 통해 언어로 표현하기는 아직 어려운 추상적인 감정을 상징적으로 표현한다.

엄마로부터 많은 지시와 통제를 받는 한 아이가 있었다. 이 아이는 작은 아기곰이 상어에게 먹히는 놀이를 반복했다. 아기곰은 상어에게 잡히지 않으려고 매번 엄청난 힘으로 도망쳤지만, 상어는 끝까지 쫓아와 아기곰을 잡아먹었다. 아기곰은 상어가 다시 나타날 때마다 상어를 감옥에 가두거나 이불로 덮어 두었지만, 덜덜 떨면서 무서워하고 불안해했다. 반복되는 놀이 속에서 어느 날 아기곰이 물고기를 잔뜩 먹어 큰 곰으로 자라고, 상어와 싸우는 모습을 보여 주었다. 그리고 드디어 아기곰은 불안을 잠재우게 되었다.

이 놀이에서 아기곰은 아이 자신을, 상어는 엄마를 상징했다. 아이는 상징 놀이를 통해 엄마에 대한 두려움과 불안의 감정을 표현하고 감옥 또는 이불 덮기와 같은 해결 과정을 거치며, 스스로 힘을 키우고 문제를 해결해 냈다. 아이는 현실이 아닌 놀이라는 안전한 매개를 통해 엄마에게 가졌던 부정적인 감정을 표현하고 건강하게 해소할 수 있던 것이다.

참고로 덧붙이자면, 아이들이 놀이 중에 표현하는 상징 행동을 실제 현실에서 벌어질 수 있는 행동으로 오해하지 않길 바란다. 특히 남자아이를 키우는 부모 중에 아이가 자동차 시합 놀이, 공룡 싸움 놀이를 너무 심하게 해 폭력성이 커질까 봐 놀잇감을 모두 치워 버렸다고 이야기하는 분들을 종종 만나게 된다. 하지만 이는 지나치게 예민한 대응이다. 아이들도 스트레스를 느끼고, 욕구가 좌절되면 심리적인 위축감과 우울감을 경험하기도 한다. 이는 매우 자연스러운 일이며, 사람이라면 누구나 경험하는 일이다. 이런 부정적인 감정을 아이는 자동차 시합과 공룡 싸움 같은 공격성을 표현하는 상징 놀이로 해소한다. 친구가 자기와 놀아 주지 않아 화가 나고 마음이 속상했지만, 그 감정을 실제로 친구를 때리는 행동으로 표현하지 않고, 집에 와서 놀이를 통해 안전하게 표현하는 것이다. 만약 부모님이 이런 공격성을 표출할 수 있는 놀이를 모두 치워 버리고 못 하게 한다면 아이는 어떻게 감정을 해소할 수 있을까? 아이가 상징 놀이를 통해 그동안 쌓인 감정을 건강하게 표현하고 해소하고 있다는 점을 이해하길 바란다.

또래 놀이가 시작된다

유아 놀이의 또 다른 특징 중 하나는 바로 '사회적 놀이'가 시작된다는 점이다. 만 36개월 이전의 아이들은 또래와 같이 있어도 함께 놀이를 만들어 내지 못한다. 소꿉놀이를 하더라도 옆 친구가 요리하면 따라 하는 수준에 머문다. 하지만 만 3.5세 이상이 되면 서로 역할을 정하고 교류하는 놀이 형태가 나타난다. 이제 소꿉놀이에서 엄마, 아빠, 아기의 역할을 맡는 사람이 생겨나며, 가족의 모습을 나타내기 위해 공동의 목표를 만들어 내기도 한다. 이를 통해 아이들은 사회적인 규칙이나 협동하는 법, 계획하고 실행하는 법을 배운다.

물론 본격적인 또래 놀이가 시작되기 전에도 유아들은 혼자 상황극을 만들며 놀기도 한다. 인형과 대화를 나누기도 하고 상상의 놀이 친구를 만들기도 한다. 곰 인형에게 다가가 "너 오늘 나랑 같이 놀래?"라고 이야기한 뒤, 자신이 곰 인형이 되어서 "음, 글쎄 무슨 놀이할 건데?"라고 대답한다. 혼자 하는 놀이지만 그 안에서도 사회적 상황이 만들어진다. 이런 놀이 경험은 새로운 친구에게 다가가는 연습이 된다.

이런 혼자 놀이가 4~7세가 되면 또래와 함께하는 역할극 놀이로 넘어간다. 때로는 엄마, 때로는 선생님 등 다양한 역할을 맡으면서 상상력을 발휘하여 사회적 상황을 만들어 낸다. 엄마 역할을 하면서 엄마의 마음을 이해해 보기도 하고, 어떻게 하면 친구가 좋아할지 고민하기도 한다. 타인의 마음, 생각, 느낌, 행동 등을 그 사람의 관점에서 이해하는 능력을 배우는 것이다.

아직 다른 사람을 이해하는 능력이 부족하고, 자기가 세상에 중심이라고 생각하는 7세 이전의 아이들에게 역할극 놀이가 매우 중요한 이유가 바로 이것이다. 다른 사람이 되어서 그 생각과 감정을 경험하기 때문이다. 이러한 역할극 놀이를 통해 아이들은 상호작용을 더욱 발전시키고, 관계에서 융통성을 발휘하게 된다. 또한 실제 수용받지 못했던 경험을 충족하기도 한다.

둘째 딸이 5살 때 친구에게 놀자고 얘기했다가 거절당한 경험 때문에 속상해하며 운 적이 있었다. 친구가 "싫어. 난 다른 친구랑 놀기로 했어!"라고 하는 말에 한마디도 못 하고 돌아왔는데, 집에 와서 인형 놀이를 하면서는 거절하는 친구(인형)에게 "나도 같이 놀 수 있어?"라고 묻는 모습을 보였다. 울면서 왔지만, 집에 와서 놀이할 때는 다른 대안을 만들기도 하고, 친구(인형)에게 자신이 속상했던 마음을 전하기도 했다. 이는 다음에 이러한 상황이 또 자신에게 닥쳤을 때 자신의 욕구를 표현할 수 있는 매우 중요한 경험이 된다. 이렇듯 놀이는 좌절된 욕구를 충족하며 방법을 모색하고 함께 하는 법을 배우도록 도와준다.

놀이가 정서의 세분화를 돕는다

4~7세는 본격적으로 정서가 분화되는 시기로, 이 시기의 놀이

는 정서의 세분화를 돕는다. 정서의 분화는 말 그대로 정서가 점차 나뉘는 것을 의미한다. 신생아 때는 '흥분'이라는 정서만 존재하다가, 2~3개월이 지나면 '쾌·불쾌'라는 기본 정서가 생긴다. 이후 5~6개월이 되면 불쾌 정서가 '분노'와 '혐오'와 같은 정서로 분화되고, 1년 정도 지나면 쾌의 정서도 '기쁨'과 '애정'으로 분화된다. 4세경이 되면 정서를 표현하는 단어도 알게 되어 아이들은 간단하게 자신의 기분을 말하는 것이 가능해진다. 5~7세가 되면 성인과 비슷한 수준으로 정서가 세분화되는데, 인지력도 높아져 상황에 대한 해석 능력이 매우 발달하고 내가 느끼는 정서를 관계 안에서 어떻게 표현할지 계획하고 예측할 수 있다.

다음 아이들의 대화를 살펴보자. 6세 진호와 서우는 미니카를 가지고 놀고 있다. 진호는 미니카를 서로 부딪히는 놀이를 하고 싶어 하나, 친구인 서우는 부딪히는 놀이가 불편하고 하고 싶지 않아 한다.

> 서우: 나 그 놀이 하기 싫어.
> 진호: (시무룩한 표정)
> 서우: 나 그렇게 부딪히는 건 싫은데.
> 진호: (다시 밝은 얼굴로) 그럼, 부딪히지 말고 경주하는 놀이할래?
> 서우: 재밌겠다. 해 보자!

😊 진호: (표정에 생기가 돌며) 내 생각 멋지지?

진호는 초반에 서우가 놀이에 부정적으로 반응하면서 자신의 욕구가 수용되지 못한 것에 '속상함'을 느꼈을 것이다. 그렇지만 진호에게는 서우랑 '재미있게 놀고 싶은 욕구'도 있었다. 진호는 서우가 원하지 않는 상황임을 해석하고, 재미있게 놀고 싶은 자신의 욕구를 다른 형태로 바꾸어 제안했다. 부딪히는 놀이 대신 경주하는 놀이 제안을 서우가 긍정적으로 받아들이자, 진호는 친구와의 갈등을 해결한 자신에 대해 뿌듯해하며 '자신감'과 '만족감'까지 표현했다.

이렇게 상황을 해석하고 변화시키고 표현하는 다양한 정서의 경험은 바로 놀이를 통해서 만들어진다. 정서의 분화는 공부와 학습을 통해서 만들어지지 않는다. 오로지 관계를 통해서만 만들어질 수 있다. 아이들이 관계를 통해서 다양한 정서를 경험하는 유용한 수단이 바로 놀이임을 명심하자.

아이와 놀아 줄 때,
부모가 가져야 할 몇 가지 태도

4~7세 아이에게 놀이가 이렇게 중요하지만, 요즘 아이들은 과거처럼 골목에서 또래와 자연스럽게 어울리며 놀 기회가 거의 없다. 그러니 부모가 직접 놀아 주며 도움을 줘야 하는 상황이다. 부모의 역할이 하나 더 추가된 셈이다. 그렇다면 어떻게 아이와 놀아 줘야 할까?

부모가 아이와 놀아 줄 때 반드시 갖춰야 몇 가지 태도를 정리했다. 자녀와 놀아 주고자 하는 부모들은 다음의 내용을 참고하여 스스로 놀이 태도를 점검해 보길 바란다.

쾌활한 태도는 필수

정서는 말로 하지 않아도 매우 잘 전달되는 특성이 있다. 그렇기에 아이와 함께하는 놀이에서 부모가 긍정적인 에너지를 가지는 것이 중요하다. 그렇지 않으면 아이는 금방 놀이에 흥미를 잃게 된다. 특히 자기표현을 잘 못하고 위축된 아이일수록 감정을 표현하는 데 익숙하지 않다. 이런 아이에게 부모가 쾌활하고 밝은 에너지를 보여 주면 아이에게도 활발한 정서가 전달될 수 있다. '쾌활하다'는 말은 '명랑하고 활발하다'라는 사전적 의미를 지닌다. 부모는 자녀와의 놀이에서 활기가 있고 명랑하며, 밝은 에너지를 가지고 잘 웃어야 한다. 기본적으로 아이와 함께하는 놀이에 의지를 보이고 기쁨을 가지는 태도, 이것은 말로 하지 않아도 아이에게 전달된다. 긍정적인 정서를 주고받는 과정이 바로 놀이의 밑바탕을 이룬다는 점을 잊지 말자.

부모에게도 상상력이 필요하다

아이와의 놀이에서 부모에게 필요한 능력이 있다면 바로 '상상력'이다. 상상력이 부족한 아이들은 평소 상호작용에서 부모가 아이의 상상력을 무시한 경우가 많다.

한 아이가 팅커벨과 알라딘 인형을 가져와 양탄자에 태우고 하늘로 소풍을 가는 놀이를 하고 있었다. 그 모습을 보던 엄마가 "하늘로 소풍을 어떻게 가?", "떨어져 죽을 수도 있어."라고 말했다. 이에 아이가 엄마를 보며 "엄마, 이건 놀이잖아. 안 죽어."라고 대꾸했다. 참 재미있는 장면 아닌가? 아이는 한창 놀이의 판타지 속에 있는데, 엄마는 상상력을 발휘해 그 속에 들어가지 못하고 현실에만 존재하는 경우였다. 부모가 아이 놀이에 현실적인 반응을 보일 때, 만약 자기 감정 표현이 힘든 아이라면 의기소침해하며 위축될 수도 있다.

놀이에서는 어떤 일도, 어떤 사건도 일어날 수 있다. 하늘로 소풍 가는 일만 가능하겠는가? 세상이 멸망했다가 다시 부활하기도 하고, 죽었다가 살아나는 일은 다반사이다. 아이들은 놀이를 통해 현실 세상에서 겪는 좌절의 경험을 풍부한 상상력으로 회복한다. 놀이에는 고정관념이 없다. 정답이 없고 오답도 없다. 놀이에서는 현실에서 일어날 수 없는 것들이 일어나고, 이는 일상에서 좌절된 욕구들이 표현되는 경우가 많다. 그렇기에 놀이를 유연하고 개방적인 자세로 바라봐야 한다.

실제 생활에서 친구를 때리고, 동생을 때리고, 엄마를 때리는 것은 허용되지 않지만 놀이에서 친구나 동생, 엄마를 상징하는 놀잇감을 공격하여 내가 가졌던 부정적인 감정을 해소할 수 있다. 이는 너무나 건강한 방법이다. 또한 융통성이 없거나 유연하게 생각하는 능력이 부족한 아이에게는 부모의 상상력 자극이 매우 중요한 놀이의 요소가 된다. 부모가 상상력을 가지고 아이와 놀이하지 못할 때, 아이가 놀이에서 표현하는 중요한 의미들을 놓치고, 방해할 수 있다는 점을 항상 기억해야 한다.

즉흥성을 발휘해야 한다

놀이 자체는 즉흥적이다. 대본이 없는 연극과 같다. 따라서 부모들은 자녀와의 놀이에서 즉흥성을 발휘할 수 있어야 한다. 즉흥성이란 급변하거나 예측하지 못했던 순간에 당황하지 않고 새로운 측면으로 변화를 나타내는 능력을 말한다. 부모의 즉흥성은 특히 자신의 기준이 너무 확고하여 규칙을 잘 깨지 못하는 아이에게 유용하다. 세상의 일들은 내가 정한 대로 흘러가지 않고, 다양한 사회적 상황이나 맥락에 따라 달라진다는 것을 아이가 이해할 필요가 있다.

놀이하다가 우연히 일어난 다른 사건에 흥미를 느끼고 놀이를 변형하고 싶어 하는 아이들도 있다. 이때 어떤 부모는 이를 수용하지 않고 게임에 정해진 규칙이 있으니 그걸 지켜야 한다는 태도를 고수하는 경우가 종종 있다. 하지만 놀이는 언제든 변형될 수 있고, 다양한 방식이 존재한다. 부모가 먼저 유연한 태도를 보여야 아이도 유연해질 수 있다.

아이들의 놀이는 정해져 있지 않다. 순간순간 만들어지는 다양한 아이디어가 있고, 놀이에서의 상징적 표현들은 부모가 변화에 잘 적응하며 반응해 줄 때 더 촉진된다. 그러니 놀이에서는 즉흥적인 표현에 좀 더 유연해지자.

때로는 기발한 아이디어로 흥미를 더한다

놀이에서 기발함이란 모험적이고 창의적인 생각을 말한다. 재밌고 흥미를 유발하는 기발한 아이디어가 있다면 놀이는 당연히 더욱 흥미진진해질 것이다.

6세 지유는 이글루와 펭귄 인형을 가지고 엄마와 함께 가족 놀이를 하고 있었다. 이때 공룡이 나타나 이글루를 무너뜨린다는 이야기가 이어지며, 지유는 자신이 공룡이 되어 이글루를 깔고 앉아 부서뜨리려고 했다. 그런데 이글루는 스티로폼으로 만들어져 지유가 앉으면 쉽게 부서지는 놀잇감이었다. 잠시 고민하던 지유 엄마는 기발한 아이디어를 냈다. 놀이치료실 귀퉁이에 있던 상자 더미에서 작은 상자를 하나 골라온 것이었다. "지유가 깔고 앉으면 이 놀이감은 정말 부서질 것 같아. 그렇게 하고 싶으면 상자로 대신하는 게 어떨까?" 지유가 좋다고 하자 엄마는 상자를 거꾸로 놓고, 그 위에 지유가 앉아 소리가 크게 날 수 있도록 도와주었다. "하하하, 정말 폭삭했어." 상자를 깔고 앉은 지유는 크게 즐거워했다.

지유 엄마는 기발한 아이디어로 아이의 행동은 제한하면서도 아이의 욕구는 그대로 수용했다. 공룡이 펭귄의 집을 부서뜨리는 장면을 만들고 싶은데 실제 집을 부서뜨릴 수는 없으니, 다른 기발한 대안을 만들어 아이가 욕구를 표현할 수 있도록 도와준 것이다.

부모의 기발한 발상은 불안감이 높은 아이들과 놀이할 때 특히 유용할 수 있다. 불안감이 높은 아이들은 자신이 생각한 것이 그대로 행해지지 않을 때 불안이 높아지는데, 그러한 상황을 흥미롭고 기발한 아이디어로 변형하면 불안감이 낮아지면서 상황을 편안하게 받아들이게 된다.

다만 여기서 부모의 기발함이 지나쳐 아이의 놀이를 방해하는 수준으로 가는 경우는 주의해야 한다. 소심하고 안전한 것을 추구하는 아이들은 확인되지 않은 것을 받아들이는 데 시간이 필요하다. 부모는 아이에게 기발한 생각을 이야기하지만, 아이는 이를 받아들이고 싶지 않을 수 있기 때문이다.

놀이에서 모험적인 생각을 가지고 그것을 확장하는 것은 필요하지만 아이 성향에 따라서 다르게 반응할 필요가 있다. 아이에게 다소 과하게 느껴지지 않는지, 아이가 표현하고 싶은 방향과 다르게 놀이의 맥락이 변형되지는 않은지 살펴야 한다. 그렇게 되면 놀이의 본질을 잃게 되는 것이니 주의해야 한다.

아이는 놀이에서
삶의 연료를 채운다

놀이가 아이들에게 주는 장점은 다 열거할 수 없을 정도로 많다. 그중 놀이로 아이들이 배우고 얻게 되는 가장 큰 장점 여섯 가지를 정리해 보았다.

생각과 감정을 표현한다

아직 발달 과정에 있는 어린아이들은 자신의 감정이나 생각, 욕구 등을 말로 다 표현할 수 없다. 하지만 그런 아이들도 놀이를 통해서는 생각, 경험, 어려움 등을 표현한다. 참 신기한 일이다. 부모의 통제적인 육아에 답답함을 많이 느꼈던 아이는 놀이 안에서 자신이 엄마가 되어 엄마를 통제하려 한다. 평소 친구들에게 소외되던 아이는 놀이 안에서 친구를 잔뜩 거느린 원숭이 대장이 되기도 한다. 이렇게 놀이는 아이들에게 자연스러운 의사 표현의 도구가 된다.

상담실에서 첫 상담을 할 때면 나는 아이들에게 "여기에 왜 오게 되었어?"라는 질문을 던진다. 아이들 대부분은 "몰라요."라고 답한다. 하지만 막상 아이랑 놀이를 해 보면 상담을 온 이유를 바로 짐작할 수 있다.

한 아이가 동물 모형 장난감을 가져와 모래 상자에 배치한다. 하마는 고양이를 밟고 있고, 작은 새는 멀리 떨어져 있다. 여기서 고양이는 아이 자신을, 하마는 엄마를, 작은 새는 아빠를 상징한다. 고양이는 지금 어떤 기분이냐고 아이에게 물어보자, 아이는 "하마가 너무 무거운데, 아무도 도와주지 않아. 새는 멀리 날아갔어."라고 대답한다.

이렇듯 아이는 자신의 문제가 무엇인지, 어떤 어려움이 있는지 말로 대답하기는 어려워도 놀이로 표현할 수 있다. 놀이를 통해 자신이 진심으로 원하는 것, 마음속 깊은 곳에 있던 갈등과 고통을 놀이로 표현하며, 놀이 속에서 정서적 편안함을 경험한다. 물론 아이 스스로가 안전하다고 느끼고 자신의 욕구와 감정을 다 표현할 수 있는 환경이어야 한다.

아이들도 상처받고 속상하고 슬픈 감정을 느낀다. 마음에 담아 두었던 이야기를 누군가에게 털어놓기만 해도 마음이 후련했던 경험이 있을 것이다. 친한 친구나 가족이 나의 힘든 이야기를 들어주고, 당장 해결되지 않아도 함께 있어 주고 공감해 주면 위로가 되듯, 아직 언어 능력이 완전히 발달하지 못한 아이들에게 놀이가 바로 그런 위로를 준다. 성장 과정에서 아이들은 자신이 선택한 놀이를 통해 문제를 표현하고 해소하기도 한다. 놀이는 아이들이 표현하는 가장 정직한 언어다.

자아 존중감을 키운다

자아 존중감이 중요하다는 것은 누구나 알고 있다. 하지만 상담하며 부모들을 만나 물어보면 정확하게 이 개념을 알고 있는 경우가 별로 없다. 자존감을 자신감 혹은 자존심으로 오해하여 사용하는 경우가 더 많다.

사회학자 로젠 버그^{Rosenberg}는 자존감을 '자신을 존중하고 바람직하게 여기며 가치 있는 존재라 여기는 것'이라고 정의했다. 여기서 핵심은 바로 '내가 생각하는 나'에 대한 판단, 즉 '내가 나를 어떻게 지각하느냐'이다. 그렇다면 자아 존중감은 어떻게 형성될까? 만약 자아 존중감이 날 때부터 타고나는 것이라면 '자존감 금수저', '자존감 흙수저'라는 말이 생겨났을지도 모르겠다. 다행히도 그렇지는 않다. 자아 존중감은 성장 과정에서 만들어진다. 어린 시절의 다양한 경험과 환경의 상호작용을 통해 형성된다. 특히 나에게 중요한 보호자, 양육자로부터 긍정적인 반응을 경험해야 자존감을 높일 수 있다. "너라면 할 수 있지.", "네가 그걸 해낼 거라 믿었어.", "너는 정말 끝까지 노력하는구나." 등등 내면의 가치를 인정하고 존중하는 이런 메시지가 긍정적인 자아 존중감을 형성하게 한다. "네가 그럴 줄 알았다.", "너는 왜 그렇게밖에 못하니?", "네가 뭘 할 줄 안다고 그래." 만약 이런 메시지만을 받고 성장한 아이라면 어떨까? 자신을 비하하고 부정적으로 인식하게 될 것이다.

어린 시절 아이에게 긍정적인 자아 존중감을 만들어 줄 수 있는 가장 좋은 기회가 바로 놀이 시간이다. 놀이에는 정답이 없고 정해진 방법이 없다. 아이는 놀이 속에서 자연스럽게 자신이 설정한 목표를 자기가 원하는 방식으로 성취하며, 스스로 자랑스럽게 여기고 존중하는 마음을 갖는다. 블록으로 자신이 원하는 집을 만드는 데에 정답은 없다. 어떤 집을 만들었든 그것은 자기의 마음이고 표현이다. 잘한 것, 못한 것을 평가할 필요가 없다. 그저 아이가 해낸 것으로 바라봐 주면 된다. 실제 작은 블록을 가지고 원하는 집을 만든 것 자체가 대단한 일이다. 부모는 아이가 만들어 내는 놀이 안에서 아이의 행동을 따라가며 자존감을 높일 수 있게 반응해 주기만 하면 된다.

특히 유아기에는 충분한 성취 경험이 중요하다. 이를 통해 긍정적인 자아 존중감을 형성한 아이들은 성장 과정에서 닥치는 많은 좌절에도 자신을 북돋우는 자양분을 갖게 된다. 작은 성공 경험이 '나는 할 수 있구나', '내가 해냈구나'와 같은 마음을 갖게 하고, 이런 경험은 아이들이 어려움을 직면했을 때 진가를 발휘하게 된다. 놀이는 이러한 성취 경험을 가장 많이 만들어 낼 수 있는 장이다.

문제는 많은 부모가 아이들이 잘한 것, 해낸 것보다 못한 것, 조금 더 노력했으면 하는 것에 더 주의를 기울이며 이를 언급하는 경우가 많다는 점이다. "에이 조금만 더 해 보지 그랬어.", "네가 열심히 안 해서 그런 거잖아.", "두 개나 틀렸다고? 이런 실수를 또 한 거야?" 이런 말을 들을 때, 아이들은 어떻게 느낄까? '아, 난 부족한 아이구나. 이것을 해 내도 더 해야만 하는구나.'라고 생각하게 된다. 긍정적인 자아 존중감이 만들어질 리가 없다. 결핍으로 가득 찬 아이는 지금 눈앞에 있는 너무나 작은 도전에도 손을 내밀지 못하게 된다.

부정적인 감정을 표현하고 해소한다

아이들 대부분 긍정적인 감정은 곧잘 표현한다. 하지만 부정적인 감정을 표현하는 것은 어려워하는 아이들이 많다. 왜 그럴까? 이는 부정적인 감정을 표현했을 때 수용 받아 본 경험이 부족하기 때문이다.

일반적으로 아이의 긍정적인 감정에 대해서는 부모들도 잘 수용하는 편이다. 함께 감정을 나누고 기뻐하는 반응은 어렵지 않게 잘한다. 하지만 아이가 부정적인 감정을 표현하면 부모는 당황한다. 우리 아이가 그런 감정을 느끼지 않았으면 좋겠다는 마음이 커지고 그 감정을 빨리 없애 주고 싶다. 그러니 아이의 감정을 어루만져 주거나 살피기보다는 감정을 부인하고 그런 감정에 휩싸이지 말라고 다그치게 된다. 그 감정을 털어 내지 못하는 아이를 보며 부모 자신이 불안해하기도 한다. '쟤는 저렇게 작은 일에도 상처를 받으니 어쩌지, 마음이 강해야 하는데…'라면서 말이다. 하지만 감정은 마음 안에 자연히 일어나는 것으로, 그 자체로 인정받고 존중되어야 한다. 부정적인 감정이라 해서 부정당해서는 안 된다. 감정을 부정당한 아이는 부정적인 감정을 회피하고 표현하지 못하게 된다.

둘째 아이가 7살쯤이었던 걸로 기억한다. 일하는 엄마를 두어

당시 11살이던 큰아이가 동생을 유치원에서 데리고 오는 일을 맡게 되었는데, 하필 그날 태풍으로 비바람이 엄청 많이 불었다. 집으로 오는 길이 걸어서 약 10분 정도 거리였는데, 우산이 뒤집어져 날아갔고 비를 쫄딱 맞은 채 아이 둘이 간신히 집으로 돌아왔다. 둘째 아이는 처음 보는 태풍이 너무 무서워 내내 울면서 집에 왔다고 했다. 그런 둘째를 달래느라 큰아이도 꽤 힘들었다고 했다. 문제는 그날 이후로 둘째 아이가 비 오는 것에 불안이 높아지기 시작했고, 비가 오는 날은 어김없이 밖에 나가지 않으려 한다는 것이었다.

나는 내가 운영하는 심리 상담 연구소 모래놀이 치료실에 아이를 데려갔다. 아이는 장난감으로 아이들이 놀고 있는 상황을 만들고는 반복해서 모래비를 뿌렸다. 놀이터에 모래비가 와서 놀이를 계속할 수 없는 상황을 만들고, 모래비를 피하기 위해 집을 만들고 다리를 놓았다. 하지만 모래비는 계속 아이들을 쫓아왔고, 아이는 더 큰 우산을 가져다 놓고 튼튼한 건물을 놓았다. 아이는 모래비를 피하고 멈추기 위한 노력을 놀이 안에서 반복했다. 그 이후에도 이러한 놀이를 몇 번 더 반복했던 것으로 기억한다. 그러면서 차츰 비에 대한 두려움이 줄어들었다.

물론 아이는 지금도 비가 오는 날을 좋아하지 않는다. 일기예보에 내일 비가 온다고 하면 저녁부터 앞서 걱정한다. 하지만 그때처럼 불안감에 아무것도 못 하지는 않는다. 비가 오면 우산을 챙기고, 우비를 단단히 여미고 나가는 힘이 생겼다.

이처럼 자신의 감정을 명확한 언어로 표현하는 능력이 아직 부족한 아이들은 현실에서 겪었던 불안이나 두려움, 외로움, 좌절감 등을 놀이로 표현할 수 있다. 또한 놀이를 통해 이러한 감정을 처리해 나간다.

감정의 뇌를 건강하게 발달시킨다

우리의 뇌는 3층으로 이루어져 있다. 뇌의 가장 중심부에 자리한 1층의 뇌는 생명 활동을 관장하는 부위다. '본능의 뇌'라고 하는데, 생존의 위기를 느끼면 위축된다. 즉 생명이 안정적으로 보장되는 환경이 되어야만 안정적으로 그다음 발달 단계로 나아갈 수 있다.

2층의 뇌는 '감정의 뇌'이다. 특히 유아기는 이 2층의 뇌가 가장 빠르게 발달하는 시기다. 2층의 뇌가 잘 발달하기 위해서는 안전한 환경 안에서 감정이 충족되는 경험을 충분히 하는 것이 매우 중요하다. 2층의 뇌가 건강하게 성장하는 것은 3층의 뇌가 발달하는 밑바탕이 된다.

뇌의 가장 바깥쪽 부분인 대뇌피질은 3층의 중요한 부위다. 이는 인간만이 가지는 영역으로, 바로 학습, 창의적 사고력, 사회적 능력, 문제 해결 능력을 관장하는 부위에 해당한다. 우리는 3층의 뇌 발달이 얼마나 중요한지는 많이 강조하지만, 3층의 뇌 발달에 2층의 뇌가 기반이 된다는 사실은 자주 간과한다.

이 2층 감정의 뇌를 건강하게 발달시키기 위해서는 필수적으로 두 가지가 충족되어야 하는데, 바로 안정된 애착 관계와 놀이다. 좋은 놀이를 통해 부모와 긍정적이고 안정된 애착 관계를 형성할 때 2층의 뇌가 안전하고 건강하게 성장한다는 얘기다.

유아기의 뇌는 전체적인 발달이 중요하다. 너무 일찍 시작된 암기 위주의 교육이나 조기 학습은 뇌가 감당하지 못한다. 학습으로 인한 스트레스를 너무 많이 경험하게 될 때 우리 신체는 스트레스 호르몬인 코르티솔cortisol을 분비시키고, 세로토닌serotonin과 같은 신경 전달 물질을 감소시킨다. 이는 시냅스와 뉴런의 손상으로 이어져 오히려 뇌 발달을 저해하는 결과를 만든다.

만 4~5세가 되어야 학습을 준비하는 뇌가 발달하기 시작하며, 3층 뇌의 발달은 이때 이루어진다. 이 시기가 되어야 아이들이 집중력이 생기며 기억하는 능력과 창의성도 발달한다. 그러니 창의성의 발달을 위해서는 먼저 2층 감정의 뇌를 건강하게 발달시켜야 함을 기억하자. 그리고 이를 위해서는 '안정적인 애착'과 '좋은 놀이'가 훌륭한 촉진제라는 점을 잊지 말자.

또래 놀이로 사회성을 키운다

놀이는 혼자 하기도 하지만 대부분은 누군가 함께 하는 경우가 많다. 함께 놀이하는 과정에서 아이들은 새로운 관계를 형성한다. 그 안에서 갈등을 일으키기도 하고, 갈등을 해결하기도 하고, 해결하지 못하여 실망하기도 하며 다양한 상황을 경험한다. 놀이로 사회성을 키울 수 있는 이유다.

많은 부모에게서 우리 아이에게 나쁜 일이나 갈등은 절대 일어나지 않길 바라는 모습을 본다. 실제로 많은 부모가 "아이가 상처를 안 받았으면 좋겠어요.", "부정적인 경험은 안 시키고 싶어요."라고 말한다. 하지만 이는 우리가 통제할 수 없는 일이다. 그런 마음을 가질 수는 있으나, 속상한 일이나 슬픈 상황이 일어나지 않게 할 수는 없다. 하지만 생각해 보자, 친구랑 싸워 보지 못한 아이는 화해하는 법을 배울 수 없고, 자신이 슬퍼할 때 위로 받아 보지 못한 아이는 타인을 위로할 줄 모른다. 아이들이 경험하는 부정적인 사회관계도 사실은 아이들에게는 너무나 귀중한 경험이다. 다양한 감정과 상황을 경험하며 아이들은 다른 사람의 감정을 읽고 그 감정에 맞춰 자신의 감정을 적절하게 다스리는 법을 배운다. 그러니 불필요한 감정은 없다.

친구와의 놀이는 사회성 발달을 촉진하는 가장 훌륭한 방법이다. 4~7세의 아이들은 4세 이전보다 사회적 관계가 넓어진다. 특히 전두엽의 실행 기능이 구체적으로 발달하는 시기로 협동 놀이도 가능해진다. 하지만 친구랑 놀며 의견이 충돌하거나 마음이 맞지 않는 경우도 생긴다. 그래서 이 시기 아이들은 잘 다투기도 하고 삐지기도 한다. 이런 경험은 매우 중요하다. 이런 갈등을 경험해야 이를 해결하고 극복하는 능력이 발달하기 때문이다. 친구와 함께 계속 놀기 위해서는 어떻게 행동하는 것이 적절한지 아이 스스로 생각하고 판단해야 한다. 이런 과정이 모두 사회성을 기르는 발판이 된다. 친구와 잘 놀려면 4세 이전에 부모와의 애착 관계를 공고히 하는 것도 중요하다. 부모와의 놀이로 충분히 연습한 아이들이 친구와도 놀이로 관계를 잘 맺을 수 있다.

즐거움을 주는 것으로 충분하다

놀이는 사실 즐거워서 하는 것이다. 누가 하라고 시켜서 하는 것이 아니라 내적인 본능에 의해 시작되고, 그저 너무 재미있기에 하는 것뿐이다. 놀이가 가지는 이러한 즐거움은 스트레스에 대한 강력한 해독제 역할을 한다.

며칠 전, 이웃 한 엄마에게 비가 오는 날 아이들과 우비를 갖춰 입고 놀이터로 나가 마치 워터파크에 온 것처럼 신나게 비를 맞으며 놀았다는 이야기를 전해 들었다. 아이들이 얼마나 재밌고 즐거웠을까 하는 생각이 들었다. 이 엄마는 솔직히 말하면 애들보다 자신이 더 재밌었다며, 다음에 비가 오면 우리 다 같이 우비를 입고 놀이터 워터파크를 열어 보자고 웃으며 말했다. 이것이 바로 즐거운 놀이 경험이다. 아마도 아이들은 커서도 이날의 즐거운 경험을 잊지 못할 것이다.

놀이를 많이 해 보지 못한 아이들, 놀이가 부족한 아이들, 놀지 못하는 아이들은 자신의 부정적인 감정을 해소할 수 있는 통로가 부족하다. 그로 인해 자신의 감정이나 기분을 어떻게 해소해야 하는지, 조절해야 하는지 알지 못한다. 사회적으로 문제가 되는 과잉 행동이나 위축된 행동을 하는 아이들, 미숙하고 적절하지 않은 방식으로 관계를 맺는 아이들이 나타나는 주된 이유는 그 때문이다. 모두 놀이의 부재로부터 비롯되었다고 해도 과언이 아니다. 그러니 어린아이들, 특히 4~7세 아이들에게 충분히 놀 기회를 마련해 주어야 한다. 이것이 아이들이 안전하게, 안정적으로 성장할 수 있는 지름길이다.

Chapter 2

아이가 주도해야
진짜 놀이다

가짜 놀이에
속지 말아야 하는 이유

놀이를 통해 아이들은 신체적인 에너지를 발산하고 세상을 탐색한다. 놀이 안에서 실패를 극복하고 세상의 규칙을 이해하며 사회적인 기술을 스스로 배운다. 상대방과 상호작용하며 생각을 표현하고, 감정을 교류하며 인지적인 능력을 발달시킨다. 이는 진짜 놀이를 할 때 얻을 수 있는 것들이다.

놀이에도 진짜 놀이, 가짜 놀이가 있다. 만약 가짜 놀이를 하고 있다면 놀이의 긍정적인 힘이 아이에게 전달되지 않는다. 그렇다면 진짜 놀이는 무엇이며 가짜 놀이는 무엇일까? 지금부터 하나씩 알아보자.

어떻게 놀아 줘야 할지 모르는 부모들

부모 교육을 할 때마다 참석한 부모들에게 "자녀와 어떻게 놀아 주시나요?"라고 묻는다. 대부분 부모가 아이들과 놀아 줘야 한다는 것을 머리로는 이해하나 어떻게 놀아 줘야 할지 모르겠다고 하소연한다. 실제로 부모가 아이와 어떻게 놀아야 하는지를 몰라 부적절한 방식으로 상호작용하는 경우를 많이 본다.

아동 심리 상담을 시작할 때는 부모와 아이가 놀이 안에서 어떤 방식으로 상호작용하는지 살펴보는 '놀이 평가'라는 것을 한다. 부모의 행동, 자녀의 반응 등을 살피면서 심리적인 행동을 분석하는 것이다. 이때 4~7세 자녀를 둔 부모가 아이와 놀아 줄 때 가장 많이 나타나는 놀이 패턴이 있다. 바로 놀이를 하며 숫자, 색깔, 종류, 규칙 찾기 등을 시도하는 '교육형 부모'의 모습이다.

예를 들어 아이가 공룡 장난감을 들고 와 엄마에게 공룡 놀이를 시도하는데, 엄마는 공룡의 이름이 무엇인지 묻고, 이 공룡이 초식공룡인지 육식공룡인지 공룡의 특징을 자꾸 묻는다. 자신도 모르게 놀이를 교육으로 접근하는 것이다. 공룡을 가지고 공격하고 잡아먹고 잡아먹히는 놀이를 하고 싶었던 아이는 엄마의 질문에 건성으로 대답하다가 이내 혼자 놀고 만다. 놀이를 통해 공룡의 종류와 특징까지 학습할 수 있다면 더할 나위 없겠지만, 놀이와 교육은 엄연히 구분되어야 한다. 물론 학습과 교육에 놀이적 요소를 가져오는 것은 가능하다. 학습에 대한 흥미를 북돋우고 좀 더 쉽게 지식을 습득할 수 있다는 장점이 있다. 하지만 이는 놀이 그 자체가 아니다. 놀이하는 상황에 교육과 학습 요소를 가져오면 놀이의 질과 유용성이 떨어진다. 자칫 아이가 놀이의 즐거움마저 잃어버릴 수 있다. 공룡과의 싸움 놀이로 아이는 쌓여 있던 부정적인 감정을 건강하게 표출하고 해소할 수 있다. 놀이를 통해 즐겁게 상호작용하고 관계 맺는 방법도 배울 수도 있다. 하지만 아이와 어떻게 놀아야 하는지 모르는 부모는 놀이에서 자꾸 자기가 아는 지식을 가르치려는 실수를 범한다.

두 번째로 많이 보이는 유형은 '주도형 부모'다. 이들은 아이에게 놀이를 자꾸 제안한다. 자신이 흥미를 느끼는 놀잇감을 가져와 아이에게 제시하며 해 보라고 재촉하는 것이다.

예를 들어, 처음 들어온 공간이 낯설어 탐색하는 데 시간이 필요한 아이가 있다. 하지만 엄마가 그 시간을 기다리지 못하고, 아이가 아무것도 하지 못하는 것에 불안한 마음을 드러내며 자꾸 아이에게 먼저 놀이를 제시한다. 이런 부모는 정작 아이가 원하는 놀이에 관심을 표현할 때는 이를 수용하지 않는다. 자신이 원하는 방식으로만 놀이를 끌고 가고 싶은 마음이 큰 것이다. 그렇게 되면 아이는 자신이 원하는 놀이가 아니라 엄마가 원하는 놀이에 맞추게 된다. 이런 놀이에서는 놀이하고자 하는 욕구가 억압되고 아이의 감정과 의도가 제대로 표현되지 못한다. 놀이를 의사소통의 한 부분이라고 한다면, 이는 표현을 억압하는 것과도 같다.

세 번째로 많이 보이는 부모는 '침묵형 부모'다. 놀이는 아이가 하는 것이고 나는 그것을 바라보는 사람일 뿐이라고 생각하는 수동적인 부모다. 이런 부모는 아이와의 놀이에 참여하지 않고 반응도 잘 하지 않는다.

인형의 집과 인형 놀잇감을 가져온 아이가 엄마와 무언가 하고 싶어 이것저것 욕구를 표현하는데도 부모는 아이의 욕구를 잘 알아차리지 못한다. 놀이에 문제가 생겼을 때만 잠시 아이에게 반응을 보일 뿐이고, 잘 놀고 있다고 생각될 때는 그저 바라만 보고 있다. 아이가 이내 심심하다고 다가오면, "왜 우리 아이는 잘 못 노는지 모르겠다."라며 이해하기 어려워한다.

교육형, 주도형, 침묵형 부모들은 모두 자녀와 놀아 주었다고 말한다. 하지만 이렇게 노는 것은 진짜 놀이가 아니다. 부모로서는 놀이 시간도 충분했고 아이도 만족스러워했다고 생각할지 모르나, 아이는 놀이를 통해서 얻을 수 있는 많은 것을 제대로 얻지 못했다.

가짜 놀이에는 없고 진짜 놀이에만 있는 것들

이쯤 되면 가짜 놀이가 무엇인지 눈치를 챘을 것이다. 가짜 놀이는 진짜 놀이와 아래 세 가지 면에서 다르다.

첫째, 가짜 놀이에는 즐거움이 빠져 있다. 놀이에 가장 근본적인 속성은 재미와 즐거움이다. 즐겁지 않다면 그건 놀이라 할 수 없다. '재미'라는 단어의 사전적 의미를 찾아 보면 '아기자기하게 즐거운 기분이나 느낌 또는 좋은 성과나 보람'이라고 나온다. 누구와 어떻게 놀든 기분 좋게 즐겁고 재미있게 노는 것이 중요하다.

여기에서 말하는 재미나 즐거움은 배꼽 빠지게 웃긴 것만을 의미하지 않는다. 우리는 한 가지에 몰입해 있을 때, 계속되는 아이디어가 생겨날 때도 재미와 즐거움을 느낀다. 웃지 않았다고 해서 즐거움이 없는 것이 아니다. 자녀가 부모와의 놀이에 몰입해 흥미와 즐거움을 경험하는 것, 그것이 중요하다.

둘째, 아이가 주도하지 않는 놀이는 가짜 놀이다. 놀이는 자기 욕구의 표현이다. 내(아이)가 자발적으로 주도하지 않는 놀이, 누군가에 의해 지시된 놀이라면 이는 상대방의 욕구이며 표현이지, 진정한 나의 욕구를 표현한 놀이가 아니다.

EBS의 다큐멘터리 프로그램 〈다큐 프라임〉 중에 '놀이의 힘'이라는 주제가 나와 이를 눈여겨본 적이 있다. 지정 놀이와 자유 놀이로 나누어 아이들의 놀이 몰입도와 지속 시간을 비교하는 흥미로운 실험이 담긴 내용이었다. 첫 번째 상황에서 선생님은 7세 유치원생들에게 "지금부터 블록 놀이를 30분간 할 거예요."라고 지시를 내린다. 30분간의 블록 놀이 후 선생님은 다시 들어와 다른 지시를 내린다. "선생님이 시간을 더 줄게요. 블록 놀이를 더 하고 싶은 친구는 블록 놀이를 더 해도 좋고, 다른 놀이를 하고 싶은 친구들은 다른 놀이를 해도 좋아요." 이 말이 끝나자마자 아이들이 블록 영역에서 썰물 빠지듯이 빠져나가는 모습을 보였다.

두 번째 상황은 처음부터 지시가 다르다. "여러분들이 하고 싶은 놀이를 자유롭게 시작하세요." 지정된 놀이가 아니라 자신이 원하는 놀이를 하도록 지시한 것이다. 30분 후에 선생님이 다시 지시를 내린다. "지금 하던 놀이를 계속해도 좋고, 아니면 다른 놀이를 해도 좋아요." 아이들의 반응은 어땠을까. 대부분 아이가 자신이 하던 놀이 영역에서 놀이를 계속 이어 나가는 모습을 보였다. 이전의 상황에서 썰물 빠지듯이 다른 놀이 영역으로 이동했던 것과는 사뭇 다른 모습이다.

두 상황의 차이는 '교사의 개입' 단 하나다. 지시를 내렸는지, 자유를 주었는지에 따라 상황이 이렇게나 다르다. 자유 놀이 상황에서 아이들은 훨씬 더 많은 몰입과 놀이 유지력을 보여 주었다. 다큐멘터리는 아이들이 주도적으로 선택한 놀이에서 의사소통, 상호작용이 더 많이 일어나며, 새로운 놀이를 더 만들어 낸다는 내용도 전해 주었다. 놀이에서 자발성이 얼마나 중요한지를 보여 주는 실험 결과였다.

셋째, 진짜 놀이는 '무(無)목적성'을 띤다. 의도와 목표가 있다면 진짜 놀이라 할 수 없다. 놀이에 어떤 의도와 목표가 있으면 놀이의 주된 본질을 잊게 된다. 예를 들어 놀이를 통해 수학적 개념을 이해하게 하는 것은 놀이를 학습의 도구로 사용한 것이지 정서적인 놀이 욕구를 충족한 것이 아니다. 학습을 좀 더 재미있게 습득하기 위해 놀이를 활용한 것으로, 이것을 놀이와 같은 맥락으로 봐서는 안 된다.

어떤 의도와 목표 없이 자기 욕구의 흐름에 따라 움직이는 것이 놀이다. 예를 들어 모래를 가지고 노는 아이가 있다. 아이는 그저 모래를 손으로 주무르고 만진다. 어떤 형태를 만들어야 하는 것이 아니다. 그저 모래를 만지고 여러 감각을 사용하는 것이 아이에게 놀이인 것이다.

한동안 아이들이 매우 열광하며 전세계적으로 유행했던 슬라임Slime 놀이가 있다. 슬라임은 끈적끈적하고 말랑말랑한 점액질 형태의 장난감으로, 어떤 형태를 만들어야 한다는 목적 없이 만지는 과정 자체에 아이들을 더욱 집중하게 한다. 나중에는 완성된 슬라임 제품을 사는 것이 아니라 물풀과 붕사, 베이킹소다 등 재료를 구입해 아이들이 직접 만드는 게 유행하기도 했다. 이 역시 아이들이 놀이 과정 자체를 즐기는 것이라 볼 수 있다. 내 지인인 한 엄마는 아이와 슬라임 놀이를 위해 수박 한 통을 사 맛있게 먹고, 빈 수박껍질 통에 수박 과육과 비슷한 빨간색 슬라임 만들기 놀이를 했다고 한다. 목적은 없다. 그저 아이와 즐겁게 시간을 보내고 추억을 쌓는 것이 전부다.

이 책에서 말하는 '아이 주도 놀이'는 바로 '진짜 놀이'를 의미한다. 놀이의 근본적인 재미를 잃지 않으며, 아이 스스로 주도적이게 놀이를 선택하고, 어떤 의도와 목적 없이 놀이 과정을 즐기는 것이 진짜 놀이이다. 이 모든 과정의 가장 중요한 핵심은 놀이의 주체가 아이 자신이 되게 하는 것이다. 아이 주도 놀이야 말로 많은 부모가 아이와 함께 놀이하면서 꼭 지켜야 할 놀이의 방식이다.

4~7세,
진짜 놀이를 해야 할 때

많은 부모가 '놀이'라는 말을 붙이면 다 놀이라고 생각한다. 일부러 '놀이 유치원', '놀이 학교'를 찾아 아이를 보내는 부모들도 많다. 때로는 아이가 태권도, 수영, 피아노, 미술 학원 등 예체능 학원에 가는 것도 놀이 아니냐고 묻는 부모도 있다. 수영을 배우며 물놀이를 하니 정말 재밌겠다고 생각하는 것이다. 하지만 수영은 어떻게 팔과 발을 움직여야 하는지 배우고, 숨이 차도록 호흡을 연습해야 하는 엄연한 '학습'이다. 태권도도 마찬가지다. 어떻게 발을 뻗고, 어떻게 자세를 유지하는지, 겨루기에는 어떤 규칙이 있는지 배우는 '교육'이다.

물론 아이들이 배움의 과정에서 즐거움을 느끼고 재밌어하기도 한다. 하지만 이는 우리가 앞서 이야기했듯이 진정한 놀이라고는 볼 수 없다. 태권도, 수영, 피아노, 미술 학원에 보내고선 그것으로 아이와 놀아 주고 있다고 생각해선 안 된다.

진짜 놀이는 자유로운 상황에서 아이들 자신이 하고자 하는 놀이를 자발적으로 결정하고, 어떻게 놀 것인지 방법도 스스로 찾아 하는 것이다. 자신이 선택한 놀이를 주도적으로 즐기는 진짜 놀이 속에서만이 아이는 더 많은 즐거움을 느끼고 긍정적인 경험을 할 수 있다.

왜 진짜 놀이를 해야 할까?

요즘 부모들은 아이를 똑똑하게 만들기 위해 아이가 아주 어릴 때부터 여러 노력을 기울인다. 생애 초기 뇌 발달이 매우 중요하다는 것이 널리 알려져서인지 아이가 어릴 때부터 조기교육과 사교육에 열성을 보인다. 하지만 이때의 뇌 발달이 지적 발달만을 의미하는 것은 아니다. 부모들이 원하는 아이의 지적 능력을 키우기 위해서는 기초공사가 필요하다. 앞서 설명한 바와 같이 인간 고유의 이성과 사고를 담당하는 3층의 뇌를 발달시키기 위해서는 1층 본능의 뇌와 2층 감정의 뇌가 건강하게 발달해야 한다. 안전한 생명 유지와 안정적인 애착이 충분히 이루어져 1, 2층의 뇌가 단단해져야, 이를 바탕으로 스펀지가 물을 흡수하듯 인지적인 발달도 이루어질 수 있다.

이를 위해서는 무엇이 필요할까? 바로 '놀이'다. 특히 2층의 뇌, 즉 감정의 뇌는 유아기에 가장 많이, 빨리 발달하는 부분이고 이는 다른 무엇보다 놀이를 통해 발달할 수 있다. 유아기 아이들은 놀이를 통해 다양한 감정을 배우고 상황을 경험하며, 그 안에서 자신이 좋아하는 것과 싫어하는 것에 대한 경계를 안다. 이에 더해 어떤 상황은 조심해야 하고, 어떤 상황은 안전한지 또한 놀이를 통해 경험한다. 그것이 배움이다.

2층의 뇌가 아직 부실한 초등학교 입학 전의 아이에게 3층 뇌의 자극만을 주게 되면 모래 위에 집을 짓는 것과 같다. 오히려 이 시기는 감정을 충분히 경험하고 조절하는 연습을 하는 시기이므로 놀이에 더욱 열중해야 한다. 놀이를 통해 감각을 경험하고 기억하며, 다양한 감정을 느끼고 인식하도록 도와야 한다. 공부는 그런 후 학습적 호기심이 풍부해질 때 시키면 된다.

2010년 미국에서, 주 정부가 제시한 학업 기준에 미치지 못하는 1학년 아동을 대상으로 연구를 진행한 적이 있다. 아동들을 각각 실험 집단과 통제 집단으로 나뉘어, 실험 집단에는 8주 동안 30분씩 상담자와 함께하는 아동 중심의 아이 주도 놀이 시간이 주어졌고, 통제 집단에는 따로 놀이 시간이 주어지지 않았다. 그 결과 8주 후 실험 집단 아동들의 학업 성취가 더 향상된 것으로 드러났다.

학습 능력뿐만이 아니다. 놀이를 통해 부정적인 문제 행동은 감소하고 자존감, 사회성, 부모 및 또래와의 관계 개선 등을 보여 주는 연구 결과는 너무나 많다. 아이의 조기교육을 위해 수백만 원의 돈을 지불하는 부모들은 기초공사가 부실한 건물에 고급 인테리어를 하는 것과 같다. 심지어 그 건물이 언제 무너질지 모르는 불안을 안고 살아야 한다. 그래서 진짜 놀이를 해야 하는 것이다. 주도적으로 놀이를 선택하고, 목적이 없이 그저 즐거운 놀이를 충분히 할 때 아이는 올바르게 성장할 수 있다.

4~7세 유아기 아이들의 건강한 발달을 돕는 아이 주도 놀이에 대해 본격적으로 알아보기에 앞서, 우선 부모가 함께하는 아이 주도 놀이의 준비 단계를 살펴보자.

진짜 놀이 준비 ① 놀이 시간 정하기

부모가 내 자녀와 함께 아이 주도 놀이를 하려면 우선 놀이 시간을 확보해야 한다. 많은 시간 자주 아이와 놀아 줄 수 있다면 가장 좋겠지만, 직장 일이나 집안일로 바쁜 부모들이 하루 종일 아이와 놀아 줄 수는 없다. 그렇기에 놀이 시간을 정해 두고 아이와 놀아 줄 것을 권한다.

보통 일주일에 한 번, 30분가량이면 부모들도 크게 부담을 느끼지 않고 실행할 수 있다. 물론 일주일에 두 번으로 늘릴 수도 있고, 가능하다면 1시간으로 늘리는 것도 좋다. 하지만 여기서 중요한 것은 시간의 양이 아니라, '이만큼의 놀이 시간을 너와 함께 하고 있다'라는 메시지를 아이에게 전달하는 것이다. 30분이 힘들다고 느껴진다면 20분으로 줄여도 무방하다. 다만 부모가 이 약속을 잘 지킬 수 있어야 하며, 일방적으로 취소해서는 안 된다.

놀이 시간을 꾸준히 진행해 보면 아이가 얼마나 이 시간을 기다리는지 알 수 있을 것이다. 부모가 바쁘다는 이유로 오늘은 하지 말자고 하거나, 다른 약속을 우선시하여 약속이 취소되면 효과는 떨어진다. 물론 정말 피치 못할 사정이 있을 때는 아이와 협의하여 다른 날로 시간을 변경할 수 있다. 그러나 이런 경우가 잦아서는 안 된다.

이제 아이와 함께 놀이할 시간을 합의할 차례다. 나는 다른 부모들에 비해 오전에 시간적 여유가 있어, 아이가 유치원에 가기 전 30분을 놀이 시간으로 정했다. 맞벌이 부모의 경우에는 주말을 활용할 수 있고, 아이가 두 명인 경우 엄마 아빠가 나눠서 할수도 있다. 혹은 한 주에 아이 별로 따로따로 시간을 정해, 월요일에는 첫째 아이와 보내고 수요일은 둘째 아이와 보내거나, 같은

요일이라도 아이마다 시간을 달리 정할 수도 있다. 이는 아이와 각 가정의 상황에 따라 외부의 방해를 가장 덜 받는 시간으로 정하면 된다. 시간을 정했으면 그다음으로 아이에게 이렇게 이야기한다.

"지금부터 엄마는 너와 특별 놀이 시간을 보낼 거야. 이 시간에 엄마는 전화가 와도 받지 않을 거고, TV나 스마트폰도 보지 않을 거야. 이 시간만큼은 ○○이랑만 놀이할 거고, 네가 원하는 놀이를 엄마가 함께할 거야."

이렇게 말로 전달하는 것은 부모의 행동에 의미를 부여하는 것으로 매우 중요하다. 그냥 30분 같이 놀이하는 것과 '이렇게 너를 위한 특별한 놀이 시간을 정하고 너와 최선을 다해 놀아 줄 것'이라고 이야기하는 것은 받아들이는 아이에게 다르게 와닿는다. 엄마가 나를 위해 애써 주고 있으며, 나를 위해 시간을 내어 준다는 걸 알게 된 아이는 자신이 소중하고 특별하다고 느끼게 된다.

진짜 놀이 준비 ② 놀이 공간 및 놀잇감 만들기

아이와 놀이 시간을 정했다면, 이제 공간을 마련한다. 가지고 놀던 놀잇감이 있는 익숙한 공간에서 진행하는 것도 나쁘지 않으나, 특별 놀이 시간으로 정한 만큼 놀잇감과 놀이 공간도 구별하여 만든다면 좀 더 특별해질 수 있다. 작은 돗자리를 이용하여 공간을 만들 수도 있고, 매트를 사용하여 주변을 둘러싼 뒤 둘만의 공간을 만들 수도 있다. 그다음, 아래와 같이 아이와 특별 놀이 시간에 대한 약속을 작성해 보는 것도 좋다.

예시 **○○이와 특별 놀이 시간과 장소 정하기**

- **우리의 특별 놀이 요일:** 매주 수요일

- **우리의 특별 놀이 시간:** 저녁 7:30 ~ 8:00

- **우리의 특별 놀이 장소:** 거실 피아노 뒤쪽 돗자리

- **우리의 특별 놀이 시간 규칙**
  ① 끝나고 나서 놀잇감 함께 정리하기
  ② 놀이 시간에 스마트폰은 바구니에 넣어 두고 오기
  ③ 놀이 시간에는 간식 먹지 않기

놀잇감은 어느 것을 사용하든 괜찮다. 하지만 게임기나 스마트폰, 책은 적절하지 않다. 이러한 놀잇감은 진짜 놀이의 본질을 깨뜨리고 상호작용을 촉진하기 어렵다. 특별 놀이 시간의 놀잇감은 새것으로 구입하기보다 이미 사용하고 있는 놀잇감으로 구성한다. 내구성이 좋고 비싸지 않으며 복잡하지 않은 것이 놀잇감으로 좋다. 부모의 도움 없이도 조정이 가능한 놀잇감이라면 금상첨

화다.

완성형 놀잇감은 처음에는 흥미를 유발하나 함께하는 놀이로 발전되지 못하는 경우가 많다. 정형화된 완성형의 놀잇감보다는 폭넓은 창의적 표현을 촉진할 수 있고, 정서 표현을 할 수 있으며, 흥미를 유발하는 놀잇감이 좋다. 또한 놀잇감을 봤을 때 '이것을 가지고 ○○할 수 있겠다.'라고 바로 떠오르는 놀잇감은 그리 좋은 놀잇감이 아니다. 놀잇감의 의도가 한눈에 보이는 것은 아이들의 호기심을 자극할 수 없고, 목적이 정해져 있기에 놀이가 단조로워질 수밖에 없다.

개방적인 놀잇감, 예를 들어 밀가루 반죽, 물, 모래, 재활용품, 다양한 천 종류, 신문지, 점토 등이 아이들의 놀이를 촉진하기에 좋다. 또한 역할 놀이를 좋아하는 아이들에겐 인형이나 집 모형, 작은 칠판이나 분필, 아기 인형, 젖병, 마이크, 금전 등록기, 각종 동물 및 군인 인형과 같은 놀잇감이 상상력과 창의력을 발달시키는 데 도움이 된다. 그래도 어느 정도 기준이 필요하다면 다음의 놀잇감을 참고 삼아 특별 놀이 시간을 위한 '특별 놀잇감 상자'를 구성해 보자.

예시 **특별 놀잇감 상자 구성**

- **소꿉놀이 등 생활 속 역할 놀이를 위한 놀잇감**
  아기 인형, 젖병, 의사 가방, 장난감 전화기, 인형 가족, 동물 인형(동물 농장 인형), 장난감 돈, 금전 출납기, 장난감 자동차, 플라스틱 그릇, 음식 모형 등

- **행동으로 표현하고 공격성을 풀어 주는 놀잇감**
  장난감 총이나 칼, 군인 인형, 전쟁 놀이용 탱크 및 미사일 장난감, 공격적 동물(사자, 호랑이, 공룡 등) 인형, 장난감 수갑, 중장비 장난감(불도저, 굴삭기 등), 다양한 크기의 공, 볼링 세트 등

- **창의력과 표현력을 길러 주는 놀잇감**
  물감이나 크레용, 색종이, (다양한 질감의) 점토, 다양한 색과 크기의 종이, 가위, 테이프, 풍선, 미술 재료, 도장, 스티커, 천, 수정토, 글라스데코, 재활용 박스나 용기 등

특별 놀잇감은 이 정도로만 구성해도 충분하다. 이외에 쉽고 간단한 보드게임 정도를 추가할 수 있다. 다만 4~7세 아이들에게 전략이 사용되는 복잡한 보드게임은 적절하지 않다. 물론 이것들을 모두 갖출 필요는 없다. 집에 있는 것들로 구성하면 된다. 다른 무엇보다 아이와 함께 놀이를 하는 것이 더 중요하다.

진짜 놀이 준비 ③ 부모의 마음가짐

아이와 함께하는 놀이를 위해 시간, 공간, 놀잇감을 준비했다면, 이제 마지막으로 남은 준비는 부모의 태도다. 아이 주도 놀이를 위해서는 자녀를 '민감하게 이해하려는' 태도가 필요하다. 민감하게 이해하기의 가장 기본은 아이를 잘 관찰하는 것이다. 많은 부모가 아이의 행동을 이해하지 못하는 주된 이유는 아이를 잘 관찰하지 않기 때문이다. 자녀 행동의 의미를 알려면 아이가 하는 행동을 살피면서 행동의 원인과 결과를 찾아보는 과정이 필요하다.

아이가 놀면서 다른 곳을 자꾸 살핀다면, 아이는 지금 하는 놀이에 몰입하지 못하고 흥미가 떨어지고 있다는 뜻이다. 이를 민감하게 잘 살핀 부모는 현재 하는 놀이를 중단하고 아이에게 다른 흥밋거리를 제안할 수 있다. 만약 아이를 잘 관찰하지 않은 부모라면 오히려 아이를 다그칠 수도 있다.

아이를 진짜 이해하는 마음으로 놀이에 집중하는 기본 태도도 중요하다. '에휴, 30분을 어떻게 놀아 주지'라는 마음으로 놀이에 임하면 무의식적으로 이런 정서적 에너지가 아이에게 전달된다. 퇴근 후 지친 상황에서 놀아 달라는 아이의 말에 같이 놀긴 하면서도 한 손에는 핸드폰으로 업무 마무리를 확인하고 있으면, 아이가 "엄마 나랑 놀고 있는 거야?" 하고 묻는다. "그럼, 지금 놀고 있잖아."라고 대답은 하나 눈은 여전히 핸드폰에 가 있다면, 이는 아이와 함께 논다고 볼 수 없다. 반대로 생각해 보자. 아이가 공부할 때 삐딱하게 앉아 공부하거나 글씨를 엉망으로 쓰고 있는 모습을 보면 '그렇게 할 거면 하지 마.'라는 소리가 목구멍으로 올라오지 않을까. 이는 아이도 마찬가지다. 놀면서도 핸드폰을 쳐다보고 건성건성 놀아 주는 엄마 아빠를 보면 아이도 '그렇게 놀아 줄 거면 하지 마!'라고 소리치고 싶을지 모른다.

그만큼 기본 태도가 매우 중요하다. 부모가 '내가 너와 함께할 거야.', '네가 하는 말을 잘 듣고 있어.', '나는 너를 이해할 수 있어.'라는 태도를 가지고 놀이해야 이러한 메시지가 아이에게도 잘 전달된다.

진짜 놀이의 핵심은 여기에 있다. 어떤 놀이를 하는지보다 아이와 시간을 함께 보내는 동안 신뢰와 사랑의 눈빛으로 아이를 바라보며 정서적인 관계를 만들어 내는 것이 중요하다.

진짜 놀이 원칙 ①
아이와 함께하는 놀이

아이가 주도하는 진짜 놀이의 첫 번째 원칙은 부모가 자녀와 함께하는 것이다. 함께한다는 것은 그리 거창하지 않다. 아이의 놀이에 부모가 초대받아 아이의 세계로 들어가는 것을 뜻한다. 아이들은 아무에게나 자신의 세계를 보여 주지 않는다. 부모이기 때문에 자신의 세계로 들어가는 티켓을 내어 준 것이다. 그 특별한 세계를 함께 여행한다고 생각하면 된다.

놀이와 체험은 다르다

부모들에게 아이와 어떻게 놀아 주는지 물어보면 대부분의 대답이 이렇다. "이번 주에 아이들 데리고 놀이공원에 가려고요.", "박물관에 역사 체험이 있다고 해서 같이 가서 할 거예요.", "주말에 스키장에 가서 스키 실컷 타게 하려고요." 아이와 함께 놀이한다고 하면 대부분의 부모가 거창한 것을 떠올린다. 차를 타고 멀리 아이와 놀러 갈 곳을 찾거나, 대형마트에 가서 장난감 사 주는 걸 생각한다. 물론 이런 활동이 나쁘다는 것은 아니다. 아이는 놀이공원, 박물관, 스키장에 가서 매우 즐거웠을 것이다. 하지만 이는 놀이라기보다 체험 활동에 가깝다. 문제는 많은 부모가 아이들에게 체험을 제공해 놓고 함께 놀이했다고 생각하는 것이다. 물론 체험 활동도 필요하다. 이러한 과정은 아이들에게 다양한 호기심을 불러일으키며, 새로운 자극을 통해 경험을 확장할 수 있게 한다. 하지만 이는 자신의 욕구를 주도적으로 표현하고 해소하는 진짜 놀이는 아니다.

진짜 놀이는 체험과는 다르다. 놀이공원에 가서 돈을 쓰고 시간을 보내는 것보다 아이와 집 앞에 나가 산책하는 것이 진짜 놀이가 될 수 있다. 아빠와 산책길에 개미가 지나가는 것을 보고, 쫓아가며 개미 이야기를 하고, 흙을 가져와서 개미집을 만드는 행위가 질적으로는 더 훌륭한 놀이가 될 수 있다.

최근 아이들을 데리고 캠핑을 다니는 가족들이 많아졌다. 아이와 놀이 시간을 많이 만들라고 하니, 어떤 부모는 아이와 놀기 위해 수백만 원어치 캠핑 장비를 구매했다고 했다. 그러나 막상 아이와 캠핑을 가서 아빠는 텐트를 치느라, 엄마는 요리하느라 바빴다며, 정작 아이는 할 게 없어 주야장천 태블릿으로 유튜브만 보고 왔다는 얘기를 들었다. 아이와의 놀이가 꼭 거창할 필요는 없다. 캠핑 가서 텐트 치는 아빠를 돕고, 엄마가 요리할 때 소시지 하나라도 같이 썰면서 요리를 만들어 보는 것이 더욱 의미 있는 놀이가 될 수 있다.

함께 시간을 보내는 것이 중요하다

아이와 함께 시간을 보내는 것도 매우 중요하다. 맞벌이 부부를 상담할 때의 일이다. 아이가 잠에서 깨기도 전인 아침 7시, 부부가 집에서 나오면 외할머니가 집으로 출근한다고 했다. 부부는 아이가 잠들고 나서야 퇴근하니 아이와 함께 있을 시간이 거의 없었다. 주말에는 어떻게 시간을 보내는지 묻자, 밀린 집안일을 하느라 바쁘고, 잠깐 놀이터에 나간다고 하더라도 아이는 혼자 놀고 자신은 벤치에 앉아 있는 일이 많다고 했다. 이렇게 물리적으로 시간이 부족한 가정이 많다는 것을 물론 알고 있다. 하지만 시간은 어떻게 만드느냐에 따라 달라질 수 있다. 나는 이 부부에게 상담받으러 올 때 어떻게 오는지 물었다. 약 30~40분 정도 차를 타고 오고, 그 시간 동안 아이는 스마트폰을 본다고 했다. 상담실에 올 때 30분, 집으로 갈 때 30분이면 총 1시간이다. 나는 이 시간을 그냥 흘려보내지 말라고 알려 주었다. 차 안에서 끝말잇기 놀이, 스무고개 놀이, 369게임 등을 할 수 있다. 만약 369게임을 한다면 운전대를 잡고 있는 엄마는 박수를 쳐야 할 때 실제 박수 치기 대신 "박수."라고 소리치면 된다. 이런 놀이는 특별한 장소도, 특별한 놀잇감도 필요치 않다.

부모가 마음만 먹는다면, 언제든 짬을 내서 아이와 시간을 보낼 방법은 무궁무진하다. 많은 부모가 아이와 놀이에 많은 시간이 필요하며 특별한 장소, 특별한 장난감이 필요하다고 오해하나 정작 아이와의 놀이에 그런 형식은 중요하지 않다. 아이가 즐거워하고, 표현할 수 있는 놀이라면 충분하다.

함께 보낼 수 있는 시간을 마련해야 한다. 시간이 없다고 하지 말고 짬을 내어 보자. 잠깐 슈퍼마켓에 가면서도 아이와 손잡고 손바닥 간질이기 놀이를 할 수도 있고, 손바닥에 글씨를 써 맞추는 놀이를 할 수도 있다. 놀이는 어떤 순간이나 공간에 구애받지 않고 다양하게 변형 가능하다. 그러니 더는 '시간이 없다'라는 말을 변명으로 삼지 말자.

거창한 놀이가 아니라 일상을 놀이로

아이가 어릴수록 일상 놀이를 많이 활용하는 것이 좋다. 좋은 곳에 데려가겠다고 3~4살 아이를 차에 태워 1~2시간을 달려 도착했으나 잠에서 깬 아이가 칭얼거리고 떼를 써서 들어가 보지도 못하고 집에 온 경험, 다들 있을 것이다. 어린아이를 데리고 장거리 여행을 가는 것은 사실 매우 어려운 일이다. 그럼에도 아이에게 다양한 경험과 자극을 주려는 부모의 노력은 정말 대단하다. 평일에는 일하느라 힘들었어도 주말에 아이들과 한가득 짐을 챙겨 집을 나서는 부모들은 자신을 위해서 가는 것이 아니다. 우리 아이만 거길 못 가본 것은 아닌지, 우리 아이만 맨날 집에서 있는 것은 아닌지 싶어 노력하는 것이다. 하지만 멀리 다녀온 날이면 부모도 피곤이 쌓여 녹초가 되고, 아이들도 피곤하니 짜증을 내며 징징거린다. 아이가 어릴수록 장거리 여행이 아이와 부모에게 힘든 상황을 불러올 수 있다.

거창하게 놀지 않아도 된다. 특히 아이가 어릴 때는 집 앞의 공원이나 호수, 동네 약수터도 모두 좋은 놀이 공간이다. 공원에 나가 계절마다 변화하는 자연을 보며 꽃잎, 솔방울, 나뭇잎을 가지고 소꿉놀이를 해도 좋다. 나뭇가지 하나만 있어도 바닥이 도화지가 되어 그림을 그릴 수 있다. 커다란 나뭇잎은 나뭇잎 가면이 되어 연극 놀이도 할 수 있다. 돌멩이를 주워 사인펜으로 그림을 그릴 수도 있고, 개미가 지나는 길을 따라가 볼 수도 있다. 낙엽이 쌓인 곳에서는 낙엽 던지기나 낙엽 부수기 놀이를 해도 재미있다.

집 밖에서 할 수 있는 것만이 놀이가 되는 것은 아니다. 집안에서도 충분히 일상을 놀이로 활용할 수 있다. 집에 있는 물건으로 수수께끼 내기, 공주 왕자 콘테스트 놀이, 패션쇼도 아주 재밌는 놀이가 될 수 있다. 아빠가 엄마 치마를 입고 나올 때 아이들의 웃는 소리를 들어 보았는가? 해 보길 바란다. 너무나 재미있다.

이렇듯 놀이를 이벤트나 체험으로 생각하지 말고 일상에서 쉽고 간단하게 할 수 있는 것으로 여겨야 한다. 그래야 부모도 아이도 이 시간이 즐겁고, 이런 일상의 작은 기쁨이 모여 삶이 풍성해진다.

둘만의 시간을 보내고 있음을 표현하기

부모들이 아이들을 위해 많은 시간을 할애하며 노력하고 있어도 정작 아이들은 이를 느끼지 못할 때가 많다. 아이에게 맛있는 식사를 주기 위해 요리를 하는 시간, 유치원에 데려다주고 데려오는 시간, 예쁘게 입히기 위해 옷이며 신발을 쇼핑하는 시간, 같이 놀이하는 시간 등 정말 많은 시간을 아이에게 쏟고 있지만, 아이는 모르는 것이다. 그러니 그런 노력을 아이들에게 표현하는 것이 매우 중요하다.

나는 퇴근 후 집에 돌아가 가끔 아이들에게 이런 제안을 한다. "자, 엄마랑 슈퍼마켓 데이트 갈 사람!" 아이 둘 다 손을 들기도 하고, 어떨 땐 한 아이만 손을 들기도 한다. 사실 슈퍼마켓 데이트는 별 게 아니다. 함께 손잡고 집 앞 슈퍼마켓에 가서 아이가 원하는 과자, 젤리, 주스 중 하나를 사러 가는 것이다. 가면서 이런저런 이야기를 나눈다. 오늘 있었던 일을 이야기하기도 하고, 무엇을 고를 건지, 왜 그걸 사고 싶은지, 그거 사면 엄마도 나눠 줄 건지 같은 소소한 이야기를 나눈다. 그러면서 말 한마디를 덧붙이는 것이다. "○○랑 슈퍼마켓 데이트 가니까 정말 기분이 좋네. 우리 둘만의 시간이 되니까 행복하다." 그러면 아이는 따뜻한 눈빛으로 나를 쳐다보며 손을 더욱 꽉 잡는다. 그저 아이랑 슈퍼마켓에 가서 아이가 원하는 간식 한 가지 사 오는 일이지만, 우리가 함께하는 둘만의 시간임을 말로 다시 강조함으로써 '내가 너와 함께 시간을 보내고 있으며, 너를 늘 생각하고 있다'는 마음을 전달할 수 있다. 이런 마음을 전달받은 아이는 내가 그만큼 존중받고 있으며, 부모가 자신을 위해서 애쓰고 있다는 것을 알게 된다.

부모가 아이를 위해 하는 일들을 아이에게 언어로 표현해 보자. 그러면 아이들도 부모의 그 마음을 알아차릴 수 있을 것이다.

"오늘은 ○○가 제일 좋아하는 반찬을 만들려고 마트에 가서 이걸 샀단다."

"아빠랑 산책 데이트 어때? 우리 둘만의 시간을 보내자."

"엄마가 ○○이 유치원에서 기다릴 거 같아서 막 달려왔어. 하루 종일 네 생각 정말 많이 했어."

"아빠랑 둘만의 목욕 시간이다! 같이 거품 만들자. 이 시간만을 기다렸어."

"오늘 점심 메뉴가 돈가스였는데 ○○이가 제일 좋아하는 거라 네 생각이 많이 났어."

이렇게 말해 보자. 부모의 따뜻한 말이 소중한 의미가 되어 아이 마음속에 언제나 남을 것이다.

진짜 놀이 원칙 ②
주도권이 아이에게 있는 놀이

아이 주도 놀이의 두 번째 원칙은 말 그대로 아이에게 주도권이 있는 것이다. 주도권은 아이가 독립된 인간으로 성장하는 데 무엇보다 중요한 발달 과업이다. 부모에게 많은 것을 의지하는 아이는 선택을 힘들어하며 주체적으로 생활하는 데 어려움을 겪는다. 그렇기에 놀이에서 선택을 통해 주도권을 가지는 경험을 확장해 나가야 한다. '내가 할 거야'라는 말을 시작하는 아이는 이제 자신의 삶을 끌고 나갈 준비가 되어 있다고 볼 수 있다. 놀이의 주도권을 아이에게 넘기면 아이는 자유로워지며, 자신을 긍정적으로 바라보고, 용기를 얻게 된다.

놀이의 감독은 아이, 부모는 배우다

아이 주도 놀이의 핵심은 바로 주도권과 자발성에 있다. 자발적으로 놀이를 선택하고 자신(아이)이 중심이 되어 놀이를 만들어 나간다. 그렇다면 어떻게 놀이의 주도권을 아이에게 줄 수 있을까?

아이와 함께 놀이를 하면서 아이에게 지식과 정보를 학습시키려 하거나 부모가 먼저 놀이 계획을 세우고 아이를 이끌어 가려는 부모들을 종종 볼 수 있다. 이는 모두 놀이의 감독이 아이가 아닌 부모가 되어버린 경우다. 놀이의 '감독'은 언제나 아이가 되어야 한다. 부모는 감독의 말을 따르는 '배우'로 충분하다. 배우는 감독이 원하는 대로 움직여야 한다. 감독이 원하지 않는 것을 자기 마음대로 할 수 없다. 더구나 이 배우는 대본을 한 번도 본 적이 없다. 그렇다면 전적으로 현장에서 감독의 지시와 생각에 따라야 한다.

아이와 놀아 주려 하지 말고, 놀이의 주인인 아이와 놀이에 함께 한다고 생각하는 게 좋다. 아이의 주도성을 방해하지 않으면서도 관심 있게 지켜보고, 부모가 필요할 때는 언제든 나설 수 있으면 된다. 놀이를 이끌어 가지 않되 아이의 요청에는 빠르게 반응하는 것이다. 아이의 요청이 없을 때는 기다려야 한다. 요청도 없는데 가서 도움을 주는 행동은 아이가 자기 자신을 믿지 못하게 만든다. 아이가 고군분투할 기회를, 실패를 양분 삼아 성취할 기회를 부모가 뺏는 것이다. 아이가 놀이 경험이 부족하여 잘 이끌지 못하더라도, 아이의 잠재된 능력을 믿으며 조금씩 발전해 가는 과정의 경험을 스스로 할 수 있도록 기다려 보자.

놀이를 방해하는 부모는 아이를 위축되게 만든다

놀이할 때 부모가 아이를 방해하는 경우도 종종 있다. 주도권을 부모가 자꾸 뺏는 경우다. 아이가 하는 놀이에 대해 신뢰하지 못하고 자신이 개입하여 도와주면 더 잘될 것 같아서 이를 기다리지 못하는 것이다.

성우가 점토로 달팽이를 만들고 있다. 그런데 달팽이를 만들고 있는 성우를 보고 있자니 아빠는 답답한 마음이 들었다. "그렇게 하면 안 되지.", "먼저 몸을 만들고 집을 만들어야지.", "줘 봐, 아빠가 도와줄게." 아빠는 성우의 놀이를 바라보며 중간중간 이렇게 껴들고 있었다. 아마도 성우에게 만드는 방법을 빨리 알려 주고 싶은 마음과 도와주어서라도 성우가 제대로 만들길 바라는 마음에서 그랬을 것이다. 하지만 그렇게 달팽이를 만들었다고 해도 진짜 성우가 만든 것은 아니게 된다.

"네가 하는 방법으로 하면 안 돼." 이 말을 들었을 때 성우의 감정은 어땠을까? 성우는 나는 할 수 없다고, 달팽이를 만들 수 없는 사람이라고 생각했을 것인다. 이는 아이의 자신감을 떨어뜨리고, 나중에 자신이 스스로 무언가 해야 하는 상황이 닥쳤을 때 위축되고 소심하게 만든다.

놀이에는 정해진 방법이 없다. 〈텀블링 몽키〉라는 보드게임이 있는데, 야자수 모형에 세 가지 색깔의 막대를 어긋나게 꽂아 두고 그 안에 원숭이들이 걸리게 한 후 원숭이가 떨어지지 않게 막대를 빼는 게임이다. 게임 설명서를 읽고 원래의 방식으로 놀이하는 아이도 있지만, 어떤 아이는 원숭이들의 꼬리를 하나로 엮어서 한 줄을 만드는 것에 열중하기도 하고, 야자수를 집으로 하고 원숭이 가족을 만들어 역할 놀이를 하기도 한다. 정해진 규칙이 있는 놀이라도 놀이는 언제든 변형 가능하다. 이게 바로 놀이의 장점이다. 정해진 방법이 없으니 어떤 방식으로든 놀 수 있다.

자녀와의 놀이에서 규칙이나 규율을 지나치게 많이 부과하거나 목표를 이루는 데에만 중점을 둔다면 아이들의 놀이는 창의성을 잃게 된다. 달팽이를 똑같이 만들지 못하면 어떠한가? 찌그러진 달팽이도 있고, 형형색색의 무지개 달팽이도 있을 수 있다. 놀이는 이런 판타지가 충족되는 장이다. 그렇기에 부모가 편견과 고정관념을 버려야 한다. 그러면 아이는 놀이 속에서 자신의 다양한 꿈을 실현하고, 자신을 있는 그대로 바라봐 주는 부모의 눈을 통해 한 뼘 성장할 것이다.

주도권은 자율성과 성취를 경험하게 한다

한때 아이들에게 주도권이 정말 있을까 생각해 본 적이 있다. 4세 아이가 아침에 일어나서 아침밥을 뭘 먹을지를 결정할 수 없을 테고, 세수하고 싶지 않아도 엄마가 하라니 해야 할 테고, 어린이집에 가고 싶지 않아도 갈 수밖에 없을 테고, 가서도 선생님이 원하는 방식으로 생활할 수밖에 없을 것이다. 어른들이 생각하기에 아이들은 자기 하고 싶은 대로 하는 것 같지만, 아이 입장에는 어른의 통제라는 커다란 테두리 안에서, 어른의 지시와 어른이 원하는 것에 맞춰서 해야 할 것이 많다고 생각할 수 있다.

어찌 보면 아이들의 생활은 어른들이 세워 놓은 기준에서만 허용된다. 그렇기에 더더욱 놀이 시간만큼은 아이에게 돌려주어야 한다. 놀이 시간이야말로 어떤 구애도 받지 않고 자신이 스스로 만들어 나가는 세계이다. 그래서 놀이에서 아이들의 주도권이 무엇보다 중요하다.

정신분석학자 에릭 에릭슨^{Erik Homburger Erikson}의 인간 성격 발달 단계에 따르면, 3~6세 시기는 '주도성 대 죄책감의 시기'다. 이 시기의 아동은 활동과 호기심이 많고 외부에 관심을 가지며 더 적극적으로 세상을 탐색하기 시작한다. 멀쩡한 장난감을 다 해부하며 좋아하거나 목적도 없이 주방의 모든 재료를 섞어 버리는 등 호기심 가득한 행동을 보이는 것이 바로 이 시기 아이들의 모습이다. 그러나 이때 자신의 노력이 비난받거나 부정적으로 억압되면 죄책감을 느끼고 위험 감수를 주저할 수도 있다. 죄책감이 커진 아이는 작은 일에도 스스로 결정하는 것을 힘들어하며 자신을 신뢰하지 못한다. 4~7세는 주도성을 발달시킬 수 있는 결정적 시기다. 그리고 이 시기 아이들에게 부모가 해 줄 수 있는 가장 큰 과업은 바로 아이의 활동을 격려하고 주도할 기회를 주는 것이다.

그렇다면 주도성을 어떻게 키워줄 수 있을까? 아주 쉽다. 놀이하게 하면 된다. 그리고 놀이에서만큼은 아이가 무엇이든 주도하게 해 주는 것이다. 도화지에 곰돌이를 그려 넣고 강아지라고 해도 그럴 수 있다고 끄덕여 주고, 작은 블록 하나를 가지고 자동차라면서 붕붕 소리를 내면 그대로 받아들여 준다. 아이의 세계에서 아이의 놀이를 이해하는 것, 그리고 그것을 수용하는 것, 자신의 놀이에서 주인이 되도록 허락하는 것. 부모가 할 일은 바로 그것이다.

그럴 때 아이들은 자유로움을 경험하고, 자신이 만들어 낸 진정한 성취에 뿌듯해한다. 잘 안되지만 양말을 혼자 신어 보겠다고 낑낑거리고는 이내 양말 한 짝에 발을 넣고서 기뻐하는 아이의 얼굴을 본 적이 있지 않은가? 아이들은 이렇게 주도와 성취를 수없이 반복하며 성장한다.

부모에게 주도권이 필요한 때

아이에게 주도권을 주라고 하니, "식사 시간에 밥을 먹지 않고 돌아다니는 것도 아이가 원하면 그대로 두어야 하나요?", "이를 닦지 않겠다고 떼쓰는데 하고 싶은 대로 두는 게 맞나요?" 이렇게 질문하는 부모들도 있다. 아이에게 주도권을 주라는 말은 놀이에서만큼은 아이에게 주도권을 주라는 것이지 무엇이든지 아이가 선택하게 하라는 뜻은 아니다. 일상의 많은 것들이 아이에게는 규율로 다가갈 수 있기에 놀이에서만이라도 자유로움을 느낄 수 있도록 하는 것이 중요하다는 얘기다.

놀이에서는 아이가 주도권을 갖는 것이 가장 중요하다. 그러나 일상에서는 아직 규칙이나 사회의 기준 등을 습득해야 하는 아이들이다. 따라서 일상에서 지켜야 할 기본적인 규칙은 아이에게 명확하게 전달한다. 이를 닦거나 예방 접종을 하는 일은 아이의 안전과 건강을 위해 필수적으로 해야 하는 것이기에 아이에게 주도권을 줄 수 없는 문제다. 물론 아이에게 식사 메뉴를 정하게 하거나, 자신이 원하는 간식거리를 고르게 하거나, 원하는 공책을 고르게 하는 일 등 선택을 경험해 보는 것은 매우 중요하다. 하지만 일상 안에서 아이가 모든 주도권을 행사할 수는 없다.

진짜 놀이 원칙 ③
적절한 제한이 있는 놀이

아이 주도 놀이의 세 번째 원칙은 놀이에도 적절한 제한이 있어야 한다는 것이다. 아이들은 아직 미숙한 존재다. 자신의 행동이 적절한지 판단하지 못할 수 있고, 어떻게 대처해야 하는지 모를 수 있다. 함께 하는 놀이이기에 놀이에도 지켜야 할 규칙이 있다. 자기 마음에 안 든다며 놀이하다가 엄마를 때리는 아이를 기분 좋게 수용할 부모는 많지 않다. 꼭 지켜야 할 것의 경계를 함께 지켜 나가야 서로 안전하고 긍정적으로 상호작용 할 수 있다. 놀이 과정 안에도 제한해야 하는 상황이 생기고, 이때도 기술이 필요하다.

안전한 제한을 만들어 준다

만약 누군가가 당신을 커다란 방에 들여보내 놓고 "당신이 원하는 대로 하세요."라고 지시했다고 하자. 아마도 당신은 '뭘 해야 하지?', '어떻게 해야 하는 거지?'라는 생각으로 혼란스럽고 불안한 마음이 들 것이다. 하지만 같은 상황에서 작은 책상과 종이, 필기구가 제공되고, "여기에 앉아서 보이는 것을 그려볼 수 있어요."라는 말을 듣는다면 어떨까. 아마 좀 전의 상황보다 훨씬 편안한 마음이 들 것이다.

안전한 제한이란 경계를 제공하는 것이다. 모두 다 허용한다고 해서 안정감을 느끼는 것은 아니다. 경계를 만들어 줄 때 사람은 훨씬 덜 불안하고 편안함을 느낀다. 아이의 욕구를 수용하라는 의미는 아이의 모든 행동을 허용하라는 의미가 아니다. 아이들에게는 적절하고 안전한 제한이 필요하다. 제한을 통해 아이들은 자기의 욕구를 조절하고 통제하는 경험을 하고, 선택으로 인한 결과에 책임지는 법을 배우게 된다. 오히려 안전한 제한을 받은 아이들이 스스로 행동을 조절함으로써 수용 받고 안전한 느낌을 받을 수 있다.

확고하고 일관되게 제한한다

자녀와의 놀이에서 제한은 일관되게 적용하는 것이 매우 중요하다. 일관성 있는 제한은 아이가 안정감을 느끼고 안심할 수 있도록 도와준다. 오히려 아이들은 일관성이 없을 때 혼란스러워한다. 어떤 날은 탁자에 있던 물을 흘려도 엄마가 다정하게 닦아 주며 괜찮다고 한다. 그런데 어떤 날은 불같이 화를 내며 소리를 지르고 머리를 쥐어박는다고 하자. 아이는 어떻게 느낄까? 아이는 부모의 행동을 예측할 수 없고, 예측할 수 없는 사람과의 상호작용은 불안하기만 하다. 어떤 반응을 할지 모르니 조심스러워지고, 위축된 행동이 나올 수밖에 없다. 많은 전문가가 일관성 있는 양육을 해야 한다고 입을 모으는 이유이다.

자녀와의 놀이 과정이 재밌고 즐겁기만 하면 좋겠지만, 아이들과 놀다 보면 예기치 못하는 일이 발생한다. 잘 놀다가 게임에서 지면 화를 내기도 하고, 블록이 잘 안 맞춰진다며 블록을 던져 버리기도 한다. 종이에 그림을 열심히 그리다가 갑자기 새로 산 옷장 앞에 가서 옷장에 그림을 그리기도 하고, 칼싸움을 하다 힘 조절이 안 되어 엄마를 때리기도 한다. 이럴 때가 적절한 제한이 필요한 순간이다.

여기서 주의할 점이 있다. 정말 필요한 경우에만 제한해야 한다는 점이다. 놀이 시간은 아이의 욕구를 표출하는 소중한 시간이기에 제한이 지나치게 많으면 아이의 욕구를 막아 버릴 수도 있다. 제한의 기준을 정한다면 꼭 필요한 상황으로 국한한다. 예를 들어, 아이와 부모가 다치지 않는 선, 놀잇감이나 소중한 물건을 망가뜨리지 않는 선, 부모가 놀이 안에서 아이의 욕구를 수용하고 일관성을 유지할 수 있는 선 등으로 제한의 기준을 정할 수 있다.

제한하기 전에 부모 스스로 이 제한이 꼭 필요한지, 내가 일관되게 실시할 수 있을지에 관해서도 생각해 보는 것이 좋다. 오늘은 제한하고 내일은 허용한다면 일관성 없는 제한이 된다. 그리고 제한 기준은 사실 가족의 문화나 부모의 가치관에 따라서 달라질 수 있다. 어떤 부모는 아이가 뛰어와 앉아 있는 부모의 다리를 밟고 어깨로 올라가 무등 타는 행위를 재밌어하며 수용할 수 있지만, 어떤 부모는 다리가 아파 짜증이 나고 수용하지 않을 수 있다. 후자의 부모라면 아이 행동을 제한하지 않고 그냥 넘어갈 때 부모 마음에 불편함이 남는다. 이는 이후 아이와의 놀이에도 영향을 주게 되고, 부모가 정서적으로 적절한 반응을 보이지 못하게 될 가능성이 높다.

제한하라고 하여 아이에게 짜증을 내도 좋다는 것은 아니다. 놀이는 상호작용이기 때문에 상대방의 마음을 불편하게 하지 않고 서로 조율하는 과정이 필요하다는 뜻이다. 그렇기에 부모가 허용하지 않는 선을 아이에게 일관되게 알려 주면 된다. 부모의 일관성 있는 제한은 자녀가 부모를 예견할 수 있도록 도와준다. 내가 이러한 행동을 하면 부모가 나를 훈육할지, 허용할지를 예견할 수 있게 되므로 행동을 선택할 때 혼란스럽지 않다. 그런 결정으로 아이 스스로 행동을 조절하고, 이것이 내면에 잘 자리 잡으면 이후에는 부모가 굳이 이야기하지 않아도 조절력이 생기며 성장할 수 있다.

제한하기 3단계 방법

그렇다면 위에서 설명한 내용을 토대로 아이의 행동을 어떻게 제한해야 하는지 단계적으로 살펴보자. 1단계는 감정 수용하기. 2단계는 행동 제한하기. 3단계는 대안 알려 주기이다.

1단계. 감정은 있는 그대로 수용한다

아이의 행동을 제한해야 할 때, 대부분 아이는 감정이 흥분된 상태다. 이때 부모도 같이 감정에 휩싸여서는 안 된다. 아이에게 감정을 조절하고 책임감 있게 받아들일 방법을 가르칠 기회가 왔다고 생각해야 한다.

제한의 가장 첫 단계는 아이의 감정을 있는 그대로 수용하는 것이다. "다은아. 네가 엄마에게 총 쏘는 일이 재밌다고 생각하는 것을 알아.", "진영이가 아빠에게 화가 난 모양이구나.", "수호가 계속 져서 속상하구나." 이렇게 자녀가 느끼는 감정, 욕구, 소망이 정당한 것이며 부모가 받아들이고 있다는 점을 느끼도록 한다. 이 과정만으로도 상당 부분 아이의 감정이나 욕구의 강도가 누그러진다.

첫째 아이가 5살 때의 일이다. 친구 집에 놀러 갔는데, 친구가 장난감을 주지 않고 자신만 놀이를 하자 아이가 조금씩 위축되기 시작했다. 아이가 구석에 있는 작은 장난감을 잠시 만지자 친구가 따라와서는 "안 돼. 내 거야!"라며 빼앗아 갔다. 아이는 화가 났는지 다른 장난감을 집어 바닥에 던졌다. 나는 그것을 처음부터 지켜보고 있었고, 나와 눈이 마주친 아이는 눈물을 흘리기 시작했다. 사실 마음 같아서는 친구의 엄마가 아이를 혼내 주고 중재해 주기를 간절히 바랐지만, 그 친구의 엄마는 음식 준비를 하느라 여유가 없는 상황이었다. 친구랑 이를 해결하지 못하는 우리 아이를 보며 '에휴, 하지 말라고 말이라도 해 보지. 저렇게 마음이 약해서야…'라는 마음이 생기기도 했다. 하지만 마음을 추스르고 아이에게 다가가 "민주가 너에게 장난감을 주지 않아서 화가 난 거지. 얼마나 화가 났을까?"라고 이야기했다. 아이는 서러웠던지 큰 소리로 엉엉 울기 시작했다. "같이 놀고 싶었을 뿐인데, 친구가 주지 않아 마음이 답답하고 힘들었겠다."라며 다시 감정을 수용해 주자 아이는 고개를 끄덕이면서 눈물을 멈추고 "맞아. 힘들어서 그랬어."라고 이야기하기 시작했다.

감정을 충분히 수용받는 경험은 아이가 자신의 감정을 조절하는 데 강력한 힘이 된다. 실제로 상담 과정에서 만난 아이들을 보면, 제한 상황에서 제한만 하기보다 감정을 있는 그대로 수용해 줄 때 10이었던 아이들의 감정 수치가 6~7정도로 떨어지는 것을 알 수 있다. 감정 수치가 10일 때는 감정 과잉으로 어떠한 조절도 할 수 없는 상태지만, 감정 수치가 6~7 정도로 떨어지면 아이들도 제한을 받아들일 준비가 된다. 그러니 1단계 '감정 수용하기'는 어느 단계보다 효과적이고 필수적이다.

2단계. 행동은 제한한다

감정을 있는 그대로 수용했다면, 두 번째 단계인 행동을 제한해야 한다. 감정은 수용하되 모든 행동을 다 허용해선 안 된다. 잘못된 행동에 대해서는 이를 알려 주고, 아이가 행동을 바꿀 수 있도록 도와주는 것이다.

"하지만 엄마에게 총을 쏘는 건 안 돼.", "하지만 아빠를 때릴 수는 없어.", "하지만 문은 발로 차는 것이 아니야." 제한하는 내용은 이렇듯 구체적이어야 하고, 정확해야 한다. 모호하고 불분명한 제한은 자녀를 혼란스럽게 만든다. 예를 들면, "엄마를 세게 때리는 것은 안 돼."와 같은 모호한 제한은 적절하지 않다. '세게'라는 말은 매우 주관적인 표현으로, '그럼, 세게 때리는 것은 안 되고,

살살 때리면 되는 건가?', '적당히 때리는 것은 괜찮다는 말이겠지?' 이렇게 생각할 수 있다. 모호한 표현 대신, "엄마를 때리는 것은 안 돼."라고 명확한 표현으로 제한한다. 제한은 처벌이 아니다. 단호하고 침착하게 사실대로만 말해야 한다.

또한 제한에 대해 자녀가 복종해야 한다고 강요해서는 안 된다. 결국 제한을 받아들일지, 받아들이지 않을지는 아이의 몫이다. 선택권은 아이에게 있다. 제한을 받아들여 행동을 조절하는 것이 자기 조절력을 발달시키는 첫걸음이다. 부모가 할 일은 일관성 있게 제한을 설정하는 것이고, 그다음은 아이의 몫으로 남겨 두면 된다.

앞서 행동을 제한할 때는 구체적이고 명확하게 표현해야 한다고 이야기했다. 아래 예시 상황의 적절한 제한 표현을 참고하여 배워 보자.

🐨 예시 ┃ 행동을 제한할 때 적절한 표현법

> **상황1** 놀이 중에 아이가 벽으로 뛰어가 크레파스로 그림을 그리려고 한다.
>
> "벽에다 그림을 그리는 것은 좋은 생각이 아닌 거 같아."
> → '아닌 것 같아'라는 말에는 단호함과 분명함이 부족하다. 아래와 같은 표현으로 바꾸어 제한하는 것이 좋다.
> "벽에다 그림을 그리는 건 안 돼."
> "너는 벽에 그림을 그릴 수 없어."
> "벽은 그림을 그리는 곳이 아니야."

3단계. 욕구를 다른 방식으로 표현하도록 도와준다

마지막 세 번째 단계는 자신의 욕구를 다른 형태로 표현하도록 도와주는 것이다. 우리는 대부분 자녀의 행동을 멈추게 하려고 "그만해, 하지마."라고 말한다. 바로 그 자리에서 그 행동을 못 하게 한다. 아이는 화가 나 있는데 그 감정을 표현하지 못하게 하고, 욕구를 억압하는 것이다. 부정적인 감정이 고조되었고, 그 행동을 하지 못하게 제한했으나 아이의 욕구는 그대로 남아 있다. 화가 난 감정을 누군가를 때리는 행동으로 표현한 아이는 때리는 행동 대신에 그 감정을 해소하기 위한 다른 방법이 있다는 것을 알지 못한다. 이때 부모는 아이가 느끼는 부정적 감정과 욕구가 무엇인지 인식하고, 현실에서 수용될 수 있는 방식으로 해결되도록 도울 수 있다.

"네가 인형을 아빠라고 생각하고, (인형을 가리키며) 인형에게 총을 쏠 수는 있어.", "이 쿠션을 나라고 하고 때릴 수는 있단다.", "네가 화가 났다고 엄마에게 말할 수 있어." 실제 엄마를 때리는 것은 하지 말아야 하는 행동이지만, 쿠션이나 베개를 때림으로써 자신의 분노 감정을 표출하는 것은 괜찮은 행동이다. 이는 다른 사람에게 해를 끼치지 않으며 자신의 공격성을 분출하는 것이기 때문이다. 가끔 부모들은 아이가 씩씩대면서 발을 쿵쿵거리는 행동을 보이면 "뭐 하는 거야. 발 쿵쿵거리지 마!"라고 혼내기도 한다. 아이가 꼼짝하지 않고 서 있기를 바라는 것이다. 하지만 감정은 현재 느끼는 것이고, 분노의 감정은 순식간에 사그라들지 않는다. 아이는 정말 화가 났지만 뭔가를 부수거나 때리는 행동을 하지 않으려고 발을 쿵쿵대면서 분노의 에너지를 나름 발산하고 있는 것이다. 나는 가끔 마트 장난감 코너에서 발을 쿵쿵거리는 아이를 만나면 '저 녀석 그래도 감정을 조절해 보려고 노력하는구나'라는 생각이 든다.

대안 행동을 아이에게 알려 주는 것은 매우 중요하다. 아이가 자신의 감정을 해소할 수 있는 다른 방식을 교육하는 것이기 때문이다. 여기서 원래의 행동을 선택하든, 부모가 제시한 대안적 행동을 선택하든 그것은 아이의 몫이다. 어쨌든 아이는 이를 통해 자기 조절력을 발달시킬 기회를 갖는 것이다. 속으로 '엄마가 말한 대로 해볼까?', '내 마음대로 할까?' 고민하면서 적절한 행동을 찾는 과정을 통해 기준을 따르고 행동을 조절하는 경험을 하는 것이다.

물론 한 번에 드라마틱한 결과가 나오지는 않는다. 가끔 상담실에서 만난 부모들이 "선생님이 말한 방법으로 해봤는데 아이가 변화가 없어요."라고 한탄하기도 한다. 그러면 나는 늘 같은 말로 돌려준다. "한 번이 안 되면, 두 번. 두 번으로 안 되면 세 번, 안 되면 수십 번. 혹은 수백 번이라도 아이가 변할 거라는 믿음을 가지고 계속하는 겁니다." 그러다 보면 어느 순간 아이가 부모의 제한을 수용하고, 스스로 행동을 변화시키는 때가 올 것이다.

아이의 자기 조절력을 키우는 '제한하기'

자녀가 장난감을 친구에게 던지거나 때리는 행동을 그대로 수용할 경우, 하지 말아야 할 행동에 대해 책임 없이 넘어갈 경우, 아이는 또 그래도 된다고 배우고 행동을 바꿔야 할 이유를 찾지 못한다. 해야 하는 일과 해서는 안 되는 일을 가르치는 것은 자녀가 살아갈 사회의 기준을 습득하는 일이자, 자신의 감정과 행동을 조절하는 법을 배울 매우 중요한 훈육의 과정이다.

물론 앞서 3단계의 제한 방법으로 시도하려 해도, 현실에서는 아이들이 쉽게 물러서지 않을 때도 있다. 고집을 부리는 것이다. 엄마와의 기 싸움이 시작되는 것인데, 제한을 하는 상황에서 부모가 밀려나면 다음번에도 비슷한 상황이 오고 제한은 더욱 어려워질 수 있다. 그렇기에 꼭 제한을 하는 상황에서는 부모가 물러서지 않는 것이 중요하다.

3단계의 제한 방법으로 상황이 종료된다면 좋겠지만, 우리 아이들은 그렇게 녹록하지 않다. 이 경우 어떻게 해야 할까? 먼저 부모는 1~3단계의 제한을 세 번 정도 반복해 볼 수 있다. 아이에게 변화할 기회를 주는 것이다. 아이는 제한 상황에서 계속 고민하게 된다. 부모의 제한을 받아들이고 나의 행동을 바꿀 것인지, 아니면 원래 내가 하고 싶었던 대로 해 버릴지. 이러한 고민을 하며 행동을 선택하는 과정을 거친다. 첫 번째에는 자신의 욕구대로 했지만, 두 번째에는 부모의 제한에 마음을 바꿀 수도 있다. 점차 행동에 책임을 지려는 방향으로 조절할 수도 있다. 부모도 아이가 할 수 있다는 믿음을 전제로 인내심을 가지고, 이러한 기회를 자녀에게 세 번은 주자.

다음은 3단계 제한을 반복하는 상황이다. 영준이가 자동차 경주 놀이를 하다가 자신이 졌다는 이유로 엄마에게 자동차를 던지려고 하는 상황에서 영준이 엄마가 대응하는 과정을 참고해 보자.

엄마: 네가 져서 화가 났구나. → 1단계

하지만 장난감을 던지는 것은 안 돼. → 2단계

던지지 않고 화가 났다고 엄마에게 말할 수 있어. → 3단계

👶 영준: 싫어. 던질 거야.

👩 엄마: 그래. 네가 이길 줄 알았는데 자꾸 지게 되니 화가 난거지. 네 마음을 알아. → 1단계

👶 영준: 듣기 싫어. 던질 거야.

👩 엄마: 엄마 말이 듣기 싫었구나. → 1단계
엄마 말이 듣기 싫다고 해서 자동차를 던져선 안 돼. → 2단계
너의 마음을 나에게 말로 얘기할 수 있어. → 3단계

👶 영준: 듣기 싫다고 했어. 조용히 해.

👩 엄마: 그래 내 말이 듣기 싫을 수 있어. → 1단계
하지만 자동차를 던져서 부수는 건 안 돼. → 2단계
네 마음을 나에게 얘기하면 기분이 나아질 수 있어. → 3단계

👶 영준: 내가 졌잖아. 짜증난다고.

👩 엄마: 그래, 짜증난 거구나. 자꾸 질 때 그런 기분이 들 수 있지.

👶 영준: 나도 이기고 싶단 말이야.

👩 엄마: 이기고 싶었는데 자꾸 지니까 점점 화가 나기 시작했구나. 장난감 던지지 않고 말로 얘기해 주어서 고마워.

제한 상황을 받아들이지 않고 계속 엄마에게 장난감을 던지려고 하는 상황에서 엄마는 3단계 제한 방법을 적용했다. 하지만 영준이는 이를 한 번에 수용하지 않았다. 영준이 엄마는 포기하지 않고 제한하기 방법을 세 번 반복하며 영준이가 마음을 진정하도

록 도와주었다. 아이의 마음에 계속 반응해 주며 제한을 잘 수용할 수 있도록 한 것이다.

제한은 아이를 억압하고 벌주려는 목적이 아니다. 아직은 미숙한 자녀의 적절하지 못한 행동을 바로잡도록 교육하고, 이를 통해 아이 내면에 기준이 생길 수 있도록 돕는 것이다. 그렇기에 제한할 때 부모는 절대 감정에 휘둘리지 말아야 하며, 아이에게 자신의 감정을 조절하고 행동하는 법을 가르친다는 교육적인 태도를 유지하는 것이 중요하다. 감정을 조절하는 부모의 모습을 보며 아이도 자신의 감정을 조절하고 행동을 변화하는 모습을 배울 수 있다.

제한하기 방법은 놀이 상황만이 아니라 일상에서도 적용할 수 있다. 아이들의 성향에 따라 다소 차이는 있지만, 호기심이 많고 활동적인 유아기 아이들은 일상에서도 행동을 제한해야 하는 상황이 참 많다. 이럴 때 제한하기 3단계를 유용하게 적용하면 도움이 될 것이다.

Part 2

진짜 놀이 실전편:
아이의 성장과
발달을 촉진하는
42가지 놀이

Chapter 1

언어 표현 능력을 키우는 진짜 놀이

언어 표현이 부족한
아이의 놀이

4~7세 아이들은 문장과 어휘가 폭발적으로 증가하면서 의사소통이 매우 활발해진다. 유아기 초기에 약 200~300개의 단어를 사용하던 아이는 만 5세가 되면 사용 단어가 2,500개 정도로 늘어난다. 이것만 봐도 4~7세 아이들이 얼마나 집중적으로 언어를 방대하게 습득하는지 알 수 있다. 이 시기 아이들은 궁금한 것투성이다. 길가에 핀 꽃들의 이름 하나하나를 궁금해하며, 나비는 어디서 왔고, 왜 가족은 없는지 묻기도 한다. 새로운 것에 대해 끊임없이 궁금해하며 질문하고 이에 대한 답을 이해하는 과정에서 아이들은 언어 표현 능력의 밑거름을 쌓는다. 그러면서 점점 언어 표현을 확장하고 의사소통 능력을 키우게 된다.

언어 능력이 폭발하는 4~7세

이 시기 아이들에게 언어 표현을 확장하게 돕는 가장 중요한 매개가 바로 '놀이'다. 놀이를 통해 아이들은 주저함이나 두려움 없이 자신의 마음을 한껏 표현한다. 뛰어난 언어 능력이나 추상적 사고 능력이 없어도 놀이라는 자연스러운 매개를 통해 생각과 감정, 소망을 쉽게 표현한다.

놀이하는 아이를 잘 관찰해 보면, 아이가 과거의 경험과 그 경험에 대한 자기의 생각과 감정을 풍부하게 표현하는 것을 볼 수 있다. 아이들은 안전하다고 느껴야 자신을 더 잘 드러내는데, 놀이가 바로 그러한 안정감을 준다. 그러니 놀이를 통해 의사 표현을 확장시킬 수 있는 건 너무나 당연한 일이다. 물론 아이들은 아직 상황을 정확하게 표현하기에는 어휘력이 부족하다. 가끔 아이들의 이야기를 듣다 보면 내용 파악하기가 어려워 몇 가지 힌트만 가지고 무슨 말인지 유추해야 하는 경우도 있다.

나의 첫째 아이가 유치원에 다닐 때, 어떤 친구가 싫어서 놀지 않겠다고 이야기한 적이 있다. 그 이유를 물어보니 "그냥."이라고만 답했다. 너무 궁금했지만, 아이가 잘 설명하지 못하니 여간 답답한 것이 아니었다. 우연히 나중에 아이와 유치원 놀이를 하다가 그 이유를 알게 되었다.

놀이 상황에서 아이는 A와 B라는 가상의 친구를 만들었다. A는 B가 다른 친구랑 노는 걸 싫어하며 못 놀게 했다. B가 다른 친구랑 놀고 있으면 "넌 나랑 놀기로 했잖아!"라며 친구를 뺏고, 노는 걸 막는 행동을 반복했다. 나는 B의 입장을 대변하며 "B는 너무 답답하겠다."라고 말했다. 그러자 아이는 "맞아. 나도 그랬어. ○○이가 맨날 그래."라고 이야기했다.

사실 아이는 다른 친구와 놀지 못하게 막는 친구의 행동이 불편했지만, 이것을 적절한 어휘를 사용해 설명하기에 어려웠던 것이었다. 그 후 나는 유치원 선생님에게 의논하여 아이가 그 상황에서 힘들지 않도록 도움을 청했다.

일반적으로 4~7세 아이들은 아직 자기의 생각이나 감정을 분명한 언어로 표현하기 어려워한다. 뭔가 싫은 기분이 들어도 이것을 어떻게 언어로 표현할지 모르는 것이다. 더구나 해당 또래 중에도 언어 표현력이 부족한 아이라면 더 어려울 수 있다. 언어 능력이 폭발적으로 커지는 시기인 만큼, 4~7세 아이들의 언어 발달은 발달 단계상으로도 주의 깊게 잘 살펴볼 필요가 있다.

언어 표현력이 부족한 아이를 돕는 놀이

언어 발달이 늦거나 부족한 아이들은 자신의 감정이나 생각을 언어로 표현하기 어렵기 때문에 부적절한 상황에서 소리를 지르거나 쉽게 짜증을 내고 공격적 모습을 보이기도 한다. 감정을 언어로 표현해 처리해야 하는데, 그럴 수 없으니 부정적인 행동으로 나타내는 것이다. 또한 언어가 부족한 아이들은 사용하는 단어와 문장이 매우 단순하고 늘 사용하는 언어만 사용한다. 아이들은 주로 부모의 언어를 모방함으로써 다양한 어휘를 구사하게 되는데, 이런 아이들의 경우 부모와 대화 자체가 적거나, 또는 부모가 언어 발달을 촉진할 적절한 언어 자극을 충분히 주지 않았을 수 있다.

주호는 말이 또래보다 늦고 발음도 불분명하여 의사소통에 문제가 있던 4세 아이였다. 상대가 자기 말을 못 알아들으면 주호는 어김없이 화를 냈다. 그 때문에 엄마는 어떻게든 아이 말을 유추하여 의도를 파악하려 했다. 하지만 아이가 원하는 것은 그게 아니니 화를 내며 짜증 내는 일이 반복되었다. 엄마는 아이와 대화할 때마다 아이에게 정확한 언어 표현을 알려 주려고 노력했다. 함께 놀이할 때도 마찬가지였다. 하지만 아이는 점점 짜증이 늘었고, 놀이 상황 역시 진전이 아닌 단절로 이어졌다.

엄마와 주호의 놀이 상황을 직접 관찰해 보니, 주호 엄마는 아이와의 소통 과정에서 아이가 못하는 부분을 계속 지적하고 있었다. 아이의 틀린 부분을 바로 고쳐 주고 싶은 마음이 앞선 것이었다. 똑바로 말하고 싶지만 아직 잘 안되는 것이 주호 자신도 참 싫을 것이다. 이때 자기가 못하는 부분을 누군가 자꾸 지적하고 자극하면 아이는 점점 더 움츠러들게 된다. 잘할 수 있는 것도 사실 긴장되면 더 못하는 법이다.

지적과 비난은 언어 발달이 느린 아이와의 소통을 막는 주된 요인이 된다. 물론 잘못된 부분을 빨리 고칠 필요도 있으나, 아이가 잘 못하는 부분만을 지속적으로 설명하고 고치는 동안 아이는 엄마와의 놀이에 흥미를 잃고 부정적인 감정을 쌓게 된다. 고치는 일은 다른 때에 다른 방식으로 하는 것이 좋다. 놀이 시간만큼은 지적과 비난을 멈추어야 한다. 오히려 놀이 시간에 중요한 것은 아이가 하는 놀이를 잘 봐 주고, 놀이에서 어떤 이야기가 나오는지 더 궁금해하는 것이다.

'자동차' 발음을 정확하게 하는 것보다 자동차 놀이를 통해 부정적인 감정을 발산하고 적절한 방식의 의사소통을 배우는 것이 훨씬 더 큰 수확이다. 이때 부모가 아이의 의도를 잘 관찰하고, 아이가 하는 행동을 언어 표현으로 확장해 반응을 해 주면, 아이의 소통 능력을 키우는 데 훨씬 효과가 좋다. 달라진 주호와 엄마의 놀이 장면을 살펴보자.

　👶 주호: (자동차를 부딪힘) 엄마, 여기 이렇게 해 봐. 다두차가 거기 있어.

　👵 엄마: 아~ 자동차가 서로 부딪히게 하는 거구나! (자동차를 살살 부딪힘)

　👶 주호: 아니, 아니. 그거 아니야. @#$%해야지.

　👵 엄마: 엄마가 한 방법은 아니구나. 다른 방법을 나에게 알려 줘.

　👶 주호: (자동차를 세게 부딪힘) 이렇게.

　👵 엄마: 아. 아까보다 좀 더 세게 부딪히면 되는구나."

　👶 주호: 맞아. 세게 부딪히면 싸우는 거야.

　　→ '세게 부딪히다'라는 언어적 개념을 습득함.

　👵 엄마: 음. 얘네들은 싸우려고 하는 거 같아. 뭔가 마음에 안 드나 봐.

　👶 주호: 친구가 마음에 안 들어서 싸우는 거야.

　　→ 엄마의 말을 듣고 '마음에 들지 않는다'라는 개념을 습득함.

놀이를 잘 관찰해 보면 아이의 의도가 숨겨져 있음을 알 수 있다. 아이가 짜증낸 부분을 잘 살펴보니, 아이는 엄마가 장난감 자동차를 살살 부딪힌 것이 마음에 들지 않았다. 이에 대해 엄마는 차근차근 "네가 원하는 방법을 보여 달라."라고 요청한다. 그러자 아이는 말 대신 비언어적인 행동으로 보여 준다. 이때 엄마는 아이의 행동을 언어로 표현하고 확장하여 반응해 주었다. "아까보다 좀 더 세게 부딪히면 되는구나."라고 말이다. 그러자 아이가 그대로 그 언어를 반복하며 '세게 부딪히다'라는 언어 표현을 배우게 되었다.

주호 엄마는 아이의 놀이를 잘 관찰했다. 언어 발달이 느린 아이들은 언어로 표현하는 능력이 미흡하기에 자기 생각을 비언어적인 행동이나 표정으로 드러내는 경우가 많다. 그렇기에 아이의 행동이나 제스처, 표정, 목소리의 톤을 더욱 잘 관찰해야 한다. 그리고 이를 다시 언어로 풍부하게 표현해 주는 것이 필요하다. 이런 과정을 통해 아이의 언어 표현력이 확장될 수 있다.

언어 표현 놀이에서
부모가 알아야 할 것들

언어 발달이 중요한 4~7세 아이들에게 부모는 어떻게 아이의 언어의 확장을 도울 수 있을까? 놀이 과정에서 부모가 아이에게 적절한 언어 자극을 주는 법과 주의해야 할 태도에 대해 정리해 보았다.

아이의 놀이를 관찰하고 그대로 말로 표현하기

첫 번째는 자녀의 놀이에 부모의 관심을 전달하는 것이다. 부모가 관심을 보일 때 아이들은 더욱 신이 나서 놀이를 설명하고,

그 설명과 언어적 상호작용이 언어를 촉진하는 데 매우 중요한 바탕이 된다. '너의 놀이에 관심이 있고, 너의 놀이에 내가 집중하고 있다'는 것을 부모가 태도로 보여 주면 된다.

두 번째는 실제 자녀의 놀이를 보며 관찰한 것을 언어로 다시 표현해 주는 것이다. 아이가 공룡 그림을 그리고 있다면 부모가 "○○이는 공룡 색깔을 다양하게 칠하는구나.", "이 공룡은 다리가 길어서 꼭 아빠 같다." 같은 말을 언급해 주는 것이다. 아이가 놀이하고 있는데 부모가 너무 조용하면, 아이는 부모가 자신을 감시하거나 혹은 자신에게 관심이 없다고 느낀다. 안정되고 따뜻한 목소리로 아이가 하는 놀이에 대해 다양한 어휘를 사용해 묘사하며 반응해 줄 수 있어야 한다.

🐻 예시   아이의 놀이를 말로 따라가는 방법

상황1 아이가 그림을 그리고 있다.
"너는 이 그림에 여러 색깔을 사용하는구나."
"너는 그림이 네 맘에 드는 표정이다."

상황2 장난감 트럭을 서로 부딪치게 하고 있다.
"트럭끼리 서로 부딪치게 하고 있구나."
"얘들이 부딪쳐서 무슨 일이 일어날지 궁금하네."

상황3 부모에게 마트 주인을 하라고 한다.
"너는 이 가게에 온 손님이고, 나는 주인 역할을 하라는 거구나."
"이 마트는 어떤 마트인지 생각해 둔 거 있어?"

> **상황4** 점토로 뭔가를 만들고 부모에게 준다.
> "엄마에게 선물로 주려고 이걸 열심히 만들었던 거구나."
> "네가 열심히 이걸 만들어 나에게 주니 기분이 참 좋다."

놀이를 통해 가르치려 하지 않기

아이의 언어를 촉진하기 위해 부모가 유의해야 하는 또 한 가지는 놀이를 하며 교육하지 않는 것이다. 물론 아이들이 놀이하며 언어 및 의사 표현 능력을 배울 수 있지만, 어떤 것이 목표가 되느냐에 따라서 아이의 행동은 매우 달라질 수 있다. 놀이를 통해서 자연스럽게 언어를 습득하는 것이지, 언어 확장을 위해 놀이를 하면 아이들은 놀이에 흥미를 잃고 만다. 다음의 두 가지 놀이 상황을 살펴보자.

<상황1>

😊 자녀: 오늘은 자동차 놀이하자.

👩 엄마: 그래. 빨간색 자동차 어디 있지?

😊 자녀: 여기.

👩 엄마: 그래. 그럼 파란색 자동차는?

😊 자녀: (초록색 자동차를 가리킨다) 여기.

😊 엄마: 이게 파란색이야?

😊 자녀: 아닌가? 몰라.

😊 엄마: 이건 파란색이 아니고 초록색이야.

😊 자녀: 알았어.

<상황2>

😊 자녀: 오늘은 자동차 놀이하자.

😊 엄마: 그래. 네가 좋아하는 자동차가 있어?

😊 자녀: 응. 나 이거 좋아.

😊 엄마: 빨간색 자동차가 맘에 드는구나.

😊 자녀: 멋지잖아.

😊 엄마: 그래서 빨간색 자동차를 제일 많이 가져왔구나.

😊 자녀: 다른 색깔도 있어.

😊 엄마: 다른 색깔들도 알고 있네.

😊 자녀: 어. 다 알지. (초록색 자동차를 본다) 근데 이건 무슨 색이야?

😊 엄마: 무슨 색깔 같아?

😊 자녀: 파란색.

😊 엄마: 아~그렇게 보일 수도 있겠다.

😊 자녀: 그럼 아니야?

😊 엄마: 이건 초록색이라고 해.

☺ 자녀: 아~ 초록색! 엄마 내 바지도 초록색이다.

두 놀이 모두 아이가 자동차 놀이를 통해 색깔을 알게 되었다는 공통점이 있다. 하지만 상황1에서 아이는 사실 색깔에 관심이 없다. 자동차 놀이를 하자고 했는데, 갑자기 엄마가 색깔을 물어 보니 아이는 질문에 대답은 하면서도 놀이에는 흥미를 잃었다. 상황2에서 아이는 자동차 놀이에 집중력을 잃지 않았다. 엄마가 색깔을 의도적으로 가르치지는 않았지만, 놀이 과정에서 자연스럽게 색깔에 대한 호기심이 일게 되었다.

4~7세 아이들이 하는 놀이는 무엇이든 공부가 된다. 일상 대화 안에서 사물의 이름을 익히고, 사회적 상황에 적절한 대화 표현을 익힌다. 모두 다 아이의 정보와 지식이 된다. 이러한 지식은 온몸의 감각을 통해 보고 들으면서 체득하는 것이다. 이렇게 지식을 쌓는 데 놀이만큼 좋은 것이 없다.

부모가 어려울 일은 없다. 그저 함께하고 있다는 태도로 아이를 바라봐 주고, 놀잇감을 가지고 놀고 있으면 잘 관찰하고, 아이의 행동에 언어로 반응하고, 아이의 감정을 바라봐 주면 된다. 거기에 풍부한 언어로 표현해 준다면 금상첨화다. 그것만으로도 아이의 언어 표현력 발달은 충분하다 못해 넘칠 것이다.

언어 표현 놀이 7가지

언어 발달을 촉진하는 놀이는 많다. 수수께끼나 끝말잇기 등이 대표적이다. 특히 언어 놀이는 놀잇감 없이도 언제 어디서나 할 수 있기에 쉽게 활용할 수 있다. 사실 어떤 놀이를 하는지는 중요하지 않다. 아이들이 하는 상상 놀이, 역할 놀이, 전쟁 놀이, 블록 놀이에서도 언어 표현을 촉진할 수 있다. 중요한 것은 그 안에서 부모가 어떻게 함께하며 반응해 주는지다. 그래도 어려워하는 부모들을 위해 언어 표현 능력을 키울 수 있는 몇 가지 놀이를 정리했다. 아이와 함께하는 놀이에 활용해 보길 바란다.

① 즐거운 스피드 게임

스케치북, 펜, 점수표

놀이하기 전에 정답을 먼저 스케치북에 적는다. 이때 '과일', '학교'와 같은 주제를 정하고, 주제에 맞는 단어를 10개 정한다. 유치원이 주제라면 '선생님', '친구', '놀이 영역', '컴퓨터', '블록' 등 유치원에서 쓰는 물품이나 장소를 적을 수 있다. 주제에 맞게 단어를 찾아내는 과정도 아이에게는 큰 공부다.

놀이가 준비되면 편을 나누고, 한 사람이 문제를 설명하고 다른 한 사람이 답을 맞힌다. 제한 시간을 정해 단어를 많이 맞히는 팀이 승리한다. 익숙해지면 속담이나 역사, 인물 퀴즈로도 진행할 수 있다.

언어의 상위 개념과 하위 개념을 파악할 수 있다. 단어를 설명하기 위해서는 다양한 어휘를 이해해야 한다. 설명하는 과정과 듣는 과정 모두 언어 표현력을 확장하는 데 도움이 된다.

• 제한 시간은 자녀의 연령에 따라 유연하게 정한다. 부모와 아이의 제한 시간을 각각 다르게 정할 수도 있다. 예를 들어 부모는 60초, 아이는 100초로 하는 것도 가능하다.

• 너무 맞히는 데만 몰두하여 지나치게 경쟁하게 되지 않도록 한다. 처음 할 때는 제한 시간을 정하지 말고, 맞히는 문제 수를 목표로 하여 흥미를 느끼도록 도와준다.

• 인물 퀴즈를 진행할 때는 모두가 아는 인물을 하는 것이 좋다. 꼭 유명한 사람이 아니어도 가족들이 모두 알고 있는 사람이라면 가능하다. 아이 친구도 좋고, 엄마 친구도 좋다. 그 사람의 특징을 이야기하며 타인을 이해하는 데 도움이 될 수 있다.

❷ 듣고 그림으로 표현해요

준비물

스케치북, 색연필

놀이 방법

우선 종이에 도형을 여러 개 그린다. 그릴 때 어떤 규칙이 있는 것은 아니고 몇 가지의 도형을 자유롭게 배치하여 하나의 그림을 그리는 것이다. 이것을 한 사람이 말로 설명하고, 다른 사람은 그림을 보지 않은 채 설명만을 듣고 그림을 따라 그린다. 처음에는 아이가 익숙하지 않기 때문에 부모가 먼저 시범을 보인 후 아이가 진행하는 것이 좋다.

예를 들어, 엄마가 아래와 같이 미리 그림1을 그린다. 그 후 아이에게 그림1을 보여 주지 않고, 말로만 설명을 한다. "왼쪽 편에 동그라미를 하나 그려.", "동그라미 옆에 세모를 나란히 붙여 그려.", "세모의 가장 밑에 있는 선 가운데에서 밑으로 숫자 1을 손가락 크기만큼 그려." 아이는 엄마의 설명을 이해한 대로 종이에 따라 그린다. 설명이 끝난 후에는 그림을 서로 바꾸어 엄마가 그린 그림이 아이의 그림과 얼마나 비슷한지 확인해 본다. 이후에는 역할을 바꾸어 아이가 먼저 그림을 그린 후 설명하고, 부모가 그림을 그리는 방식으로 놀이를 진행한다.

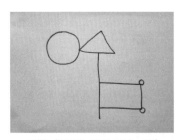

그림1 〈엄마가 미리 그린 그림〉

그림2 〈아이가 듣고 그린 그림〉

이 놀이를 통해 아이는 위, 아래, 가운데, 왼쪽, 오른쪽과 같은 위치의 개념을 이해할 수 있으며, '~보다 작다', '~보다 크다'와 같은 크기의 개념도 습득할 수 있다. 또한 상대방의 말을 매우 주의 깊게 들어야만 놀이를 지속할 수가 있기에 청각적인 주의력이 부족한 아이에게도 매우 좋은 놀이다. 언어적인 개념을 놀이로 자연스럽게 습득할 수 있다.

Tip

- 그림을 말로 표현하는 게 어려울 수 있다. 그렇기에 아이의 표현 능력 및 의사소통 능력 그리고 연령을 고려하여 그림을 선택하는 것이 중요하다. 우선 쉬운 것부터 시작해 본다. 특히 아이가 어리다면 도형을 원, 네모, 세모 세 개만으로 한정해 놀이를 진행한다.
- 아이가 그림 그리기를 어려워한다면 나무 블록을 사용해 볼수도 있다. 엄마가 미리 나무 블록을 배치해 사진을 찍어 놓은 후이를 설명하고, 아이가 그것을 만들어 보게 하는 것이다.

❸ 이어서 말해요

없음

앞 문장을 누군가 제시하면 뒤 문장을 자기가 생각해서 이어 말하는 놀이다. 예를 들어, 부모가 "버스 정류장에서 갑자기…"라고 말하면, 아이가 "버스가 '끼익' 하고 섰어요.", "들고 있던 풍선이 터졌어요.", "똥이 마렵기 시작했어요." 같이 그 뒤의 문장을 말이 되게 만드는 것이다. 아이들과 하다 보면 매우 재밌는 이야기가 만들어지기도 한다. 아이가 어리면 한 문장씩 만드는 것으로 해도 되고, 나이가 좀 더 있다면 이런 식으로 앞 문장과 뒤 문장을 계속 오가며 이야기를 만들어 볼 수 있다.

이 놀이는 아이들의 상상력을 자극한다. 더구나 문장을 만들기 위해서는 자신이 알고 있는 단어를 엮어야 하기에 언어 발달을 촉진하기도 한다.

주고받은 문장을 엮어 엄마와 아이의 이야기책을 만들 수도 있다. 실제로 미니북에 그림도 그리고 이야기도 넣어 책을 만들면 소장할 수도 있고, 아이들이 무척 좋아한다.

❹ 무슨 동화책일까?

준비물

아이가 많이 읽은 동화책 여러 권

놀이 방법

아이가 읽은 책 중에 몇 권을 아이와 함께 선정한다. 아이가 눈을 감거나 뒤돌아보게 한 뒤, 부모는 한 문장을 읽어 주고, 아이는 그 문장이 있는 책의 제목을 맞추는 게임이다. 예를 들어 "목수는 나무를 깎아 인형을 만들었습니다."라는 문장을 읽어 주면 아이는 《피노키오》라는 동화책 제목을 맞히는 것이다.

놀이 효과

책을 읽는 것은 언어 발달 촉진에 무엇보다 큰 도움이 된다. 이 놀이는 독후 활동임에도 놀이처럼 접근해 아이들에게 책에 대한 흥미를 불러일으킬 수 있다.

Tip

책을 선정할 때는 아이가 많이 읽어서 익숙한 책을 선정한다. 그래야 아이들의 흥미가 유지된다. 자신이 아는 것을 맞히는 것에서 얻는 성취가 있기에 유추하기 쉬운 문장을 읽어 주고 맞히도록 돕는다.

5 단어 카드로 문장을 만들어요

준비물

주사위, 단어 카드, 구슬

놀이 방법

1~3세 때 아이들이 가지고 놀던 사물이나 단어가 적힌 낱말 카드가 각 가정에 하나쯤 있을 것이다. 이 카드로 문장을 만드는 놀이를 할 수 있다.

먼저 주사위를 굴린 후 나온 숫자만큼 단어 카드를 뽑고, 그 카드를 활용해 하나의 문장을 만든다. 예를 들어 주사위가 3이 나와 낱말 카드 세 장을 뽑았는데, '가방', '언니', '자동차'가 나왔다고 하자. 그러면 이 세 개의 단어를 가지고 '자동차에서 내린 언니의 가방은 내 맘에 쏙 들었다.'와 같은 문장을 만드는 것이다.

문장을 잘 완성하면 구슬 한 개를 획득한다. 주사위를 던져 숫자 1이 나올 경우는 문장 만들기 없이 보너스 구슬 한 개를 얻는다. 구슬을 더 많이 모은 사람이 이기는 놀이다.

(놀이 효과)

단어를 연결하기 위해서는 단어 간의 연관성을 떠올리고 이를 이어 줄 다른 단어도 생각해야 한다. 또한 문장을 만들려면 말이 되도록 이야기를 만들어야 한다. 때문에 아이들의 상상력과 언어 발달 촉진에 도움이 된다.

(Tip)

• 아이들이 엉뚱한 이야기를 할 때는 놀이의 본질이 흐려질 수 있으나, 이도 놀이의 자유로운 부분이므로 상상력으로 수용하면서 지켜본다.

• 아이가 어려워할 때는 몇 가지 힌트를 쓸 수 있다. '아빠 찬스' 등을 활용해 어려울 때 도움을 받도록 한다.

⑥ 홈쇼핑 판매원이 되어 보아요

판매할 물건, 장난감 돈

TV 홈쇼핑 방송을 놀이에 이용해 보는 것이다. 아이에게 판매할 물건을 가져오게 하고, 홈쇼핑의 쇼호스트가 되어 물건을 판매하도록 한다.

예를 들어 냉장고 장난감을 가져와서 판다고 하자. 아이는 "안녕하세요. 오늘은 키티 냉장고를 판매하겠습니다. 이것은 음료수가 나오는 곳이 이렇게 따로 있답니다. 그리고 문을 열면 칸칸이 나누어져 있죠."와 같이 냉장고에 대해 설명을 할 수 있다. 부모는 아이가 설명한 판매 물품에 대해 "오 정말 좋네요."와 같이 맞장구를 쳐줄 수도 있고, "색깔이 다른 것은 없나요?", "저는 세탁기도 필요한데 세탁기는 안 파시나요?"와 같은 질문을 할 수도 있다. 이러한 반응이 놀이에 흥미를 일으켜 아이를 더 신나게 만든다.

판매원이 되어 물품을 팔려면, 자신이 아는 단어를 총동원하여 설명해야 한다. 이 과정에서 아이는 언어를 다양하게 사용할 수 있게 된다. 순서를 바꾸어 부모가 물품을 설명하게 되면, 다양한 언어 표현을 아이가 모델링할 수 있어 언어 촉진에 효과적이다.

> (Tip)
>
> • 놀이에 흥미를 더하기 위해서는 아이가 설명할 때 부모의 리액션이 매우 중요하다.
> • 장난감 돈을 준비하여 실제 사고 파는 과정도 함께 해 볼 수 있다.

⑦ 스티커로 이야기를 만들어요

(준비물)

다양한 스티커

(놀이 방법)

집에 아이들이 가지고 있는 스티커가 많을 것이다. 이를 활용해 도화지에 스티커를 붙이며 이야기를 만드는 놀이다. 뽀로로 스티커가 있다면 서로 하나씩 붙이면서 이야기를 만든다. 만약 아이가 뽀로로 스티커를 붙이면서 "공룡 마을에 뽀로로가 놀러왔어요."라고 한다면, 다음에 부모는 빵 스티커를 붙이면서 "뽀로로는 마을의 빈집에 들어갔다가 따뜻한 빵을 보았어요."라고 그다음 이야기를 만들어 나가는 것이다. 서로 번갈아 가면서 이야기를 만들다 보면, 하나의 큰 이야기가 만들어진다.

(놀이 효과)

이야기 만들기는 아이들의 언어 발달 촉진에 매우 좋은 놀이다. 스티커를 이용하기 때문에 그림 그리기 싫어하는 아이도 쉽게 접근할 수 있으며, 언어적 자극에도 도움이 된다.

(Tip)

스티커의 종류가 다양하게 구비되어 있다면 더욱 풍성한 이야기가 만들어질 수 있다. 만약 정말 필요한 스티커가 없다면 작은 종이에 그림을 그려 대신할 수도 있다.

Chapter 2

감정 표현 능력을 키우는
진짜 놀이

감정 표현이 부족한
아이의 놀이

예전에 선택적 함묵증으로 유치원에서는 말을 하지 않는 아이를 상담한 적이 있다. 처음에 상담실을 찾아왔지만, 아이는 내게 어떤 말도 하지 않았다. 그 대신 엄마 뒤에 숨어 나와 눈을 마주치지 않으려는 모습을 보였다. 놀이치료실에 들어와서도 엄마에게 귓속말로 소곤소곤 말을 전하고, 내가 하는 말에 움찔거리며 뒷걸음질을 치거나 불안한 눈빛을 보였다. 아이는 어떤 말도 하지 않았지만, 나는 아이에게서 '난 낯선 사람은 불안해요.', '내 목소리를 들려주기 싫어요.'라는 감정을 읽었다. 나는 아이에게 내가 읽은 감정을 언어로 표현해 주었다. "○○이는 선생님이 낯설구나. 처음 본 사람에게 말하는 건 참 어려운 일이지." 아이는 의아한

눈으로 나를 쳐다보았다. 나는 감정이 읽히는 대로 답했다. "네가 말을 하고 싶지 않다면 그래도 돼. 난 네가 편안해질 때까지 기다릴 거야." 이렇게 말하니 아이는 약간 안도하며 자신의 놀이를 하기 시작했다.

감정을 수용받아 본 적이 없는 부모들

사실 아이들은 자신의 마음이 어떻게 놀이로 표현되는지 알지 못한다. '놀이로 내 마음을 표현해야지'라고 의식적으로 행동하는 것이 아니라 자기도 모르게 놀이에 자신의 마음을 반영하는 것이다.

감정 표현이 부족한 아이들은 대체로 여러 부정적인 감정을 한 가지 대표 감정으로 표현하는 경우가 많다. 미운 마음일 수도 있고, 억울한 마음일 수 있고, 화나는 마음일 수도 있는데 그저 "싫다."라고 표현한다. 감정도 세분화되어야 하는데, 어떻게 표현해야 하는지 모르니 한 가지 싫은 감정으로 다 표현하고 마는 것이다. 그래서 감정 표현이 부족한 아이들에게 "너 왜 그러는 거야?"라고 물으면 "몰라.", "그냥 그랬어."와 같은 대답을 하는 경우가 많다. 자신의 마음이 어떤지 스스로 잘 알지 못하는 것이다.

왜 그런 것일까? 부모들의 감정 표현부터 살펴볼 필요가 있다.

지금의 부모들도 감정에 대해 제대로 교육받지 못했다. 우리는 어릴 때부터 감정을 억압하는 문화에서 자랐다. 남자는 태어나서 세 번만 울어야 한다고 배웠고, 큰 소리로 떠들고 웃으면 예의가 없다고 배웠다. 내 감정을 수용 받고 표현하지 못하는 것이 당연한 문화 속에서 성장했고, 자신의 감정을 잘 감추고 타인에게 드러내지 않아야 미덕이라고 생각하니 자연스럽게 감정을 감추게 되었다. 감정을 수용 받아본 경험이 부족한 한국의 부모들은 아이의 행동이 불안하고 걱정되는 것을 "엄마는 네가 위험한 곳에서 뛰면 다칠까봐 걱정돼."라고 표현하지 못하고 "당장 내려와, 뭐 하는 거야!"라며 행동을 먼저 제지한다. 그 말의 이면에는 사실 걱정하는 마음이 담겨 있는데도 말이다. 그러니 아이들 또한 감정을 나타내는 다양한 언어를 들어 본 경험이 부족하다.

감정도 배우는 것이다. 자신의 마음을 어떤 단어로 불러야 하는지 알아야 이를 표현할 수 있다. 감정의 이름을 모르는데 어떻게 표현할 수 있겠는가? 그렇기에 아이가 느끼는 감정을 부모가 세분화하여 언어로 표현해 주는 것이 중요하다. 아이에게 "네 마음이 어때?"라고 묻기 전에 아이에게 마음에 대한 언어를 많이 가르쳐 주었는지를 우선 살펴보자. 감정을 표현하는 언어를 많이 가지고 있어야 아이들도 이를 상황에 적용하여 활용할 수 있으며, 언어로 표현할 능력을 갖추게 된다.

감정을 표현하는 법을 배울 기회

다음은 감정 표현이 서툰 아이와 엄마의 대화 장면이다. 놀이터에서 숨바꼭질을 하던 태호는 지후와 뛰다가 서로 오가면서 어깨를 부딪쳤다. 태호는 이를 지후가 자신을 밀었다고 이야기한다. 자신을 아프게 했으니 나쁜 행동이라는 게 태호의 생각이다. 어떻게 보면 태호 입장에서는 맞는 이야기다. 하지만 태호 엄마는 아이의 감정을 살피기 보다는 상황을 파악하고 해결하는 것이 먼저였다. 태호와 엄마의 대화를 한번 살펴보자.

태호: (엉엉 울면서 엄마에게 옴) 엄마, 지후가 나 때렸어.

엄마: 지후가 널 왜 때렸어?

태호: 몰라, 날 밀었어. 혼내 줘!

엄마: 엄마가 보기엔 민 게 아니라 뛰다가 서로 부딪친 거야.

태호: 나 아프게 했으니까 혼내 줘야지. 친구 때리면 안 된다고 했어.

엄마: 그건 맞는데 너도 같이 그런 거니까 서로 사과하면 돼.

태호: 싫어. 엄마 나빠.

엄마: 엄마가 왜 나빠?

태호: 엄마 나 안 도와주잖아.

엄마: 엄마가 너한테 정확하게 알려 주는 거야. 빨리 사과하고 사이

좋게 놀아.

　아이가 잘못 이해한 부분을 다시 알려 주고 상황을 정리하려한 엄마가 물론 잘못한 것은 아니다. 하지만 이 대화에는 한 가지 빠진 것이 있다. 바로 감정을 다루는 부분이 전혀 없다는 점이다. 아이는 엄마와의 대화로 지후가 일부러 그런 게 아니며, 놀이 중에 생길 수 있는 사고임을 이해하고 해결하는 방법을 습득했을까? 하지 못했다. 오히려 내 편을 들어주지 않았다며 엄마에게 서운한 마음만 쌓였다.

　이런 일을 털어 놓으며 상담하는 부모들을 만나면 나는 꼭 이렇게 이야기한다. "어머님. 그런 갈등이 생겨났을 때가 바로 아이에게 새로운 사회적인 기술을 가르칠 아주 좋은 기회예요." 실제로 이런 갈등 상황은 일부러 만들려고 해도 어려운 기회다. 말로만 알려 주는 것이 아니라 실제 상황에서 느낀 감정과 이를 언어로 표현하는 방법까지 알려 줄 수 있으니 말이다. 위와 같은 상황이지만 이번에는 감정을 수용하고 표현을 촉진하는 대화 장면을 살펴보자.

　🧒 태호: (엉엉 울면서 엄마에게 옴) 엄마. 지후가 나 때렸어.

　👩 엄마: 아 그래? 너무 아팠겠네. 놀지도 못하게 되고 마음이 속상했겠네.

태호: 응. 너무 아파.

엄마: 우리 아들 아파서 어쩌나. 엄마가 호- 해줄게. 얼마나 아팠을까….

태호: (감정이 좀 사그라듦)

엄마: 지후와 놀이하다가 그런 거야?

태호: 나랑 지후랑 뛰었는데, 지후가 내 어깨를 밀었어.

엄마: 그럼 지후도 같이 부딪친 거구나.

태호: 날 아프게 했으니까 지후 혼내 줘.

엄마: 지후가 잘못했다고 생각해서 혼내 줬으면 좋겠는 거지?

태호: 선생님이 친구 아프게 하면 안 된다고 했어.

엄마: 그렇지. 친구를 아프게 하는 건 안 되지. 지후도 지금 우는 거 같은데.

태호: 지후도 아프대.

엄마: 너희가 서로 부딪히니까, 지후도 아팠나 보다. 너희가 뛰다가 서로를 못 보고 부딪쳤나 봐. 뛰다가 멈추려면 금방 멈춰지지 않잖아. 지후랑 너랑 그런 거 같은데.

태호: 맞아. 지후도 아프다고 엄마한테 갔어.

엄마: 그렇구나. 태호랑 지후가 서로를 아프게 해서 둘 다 마음이 속상했겠다.

대화를 보면, 이번엔 태호 엄마가 무엇에 초점을 맞추고 있는지 알 수 있을 것이다. 바로 아이의 감정이다. 아이가 속상해 하고 아파하는 마음을 어루만지는 일이 먼저 이루어졌다. 아이 행동을 판단하는 것은 그 후였다.

성인인 부모도 감정이 먼저 소통되지 않으면 답답함을 느낀다. 내가 속상하고 억울한데, "그러게. 네가 잘했어야지."라는 말을 듣는 순간 짜증이 나며 심지어 화가 난다. 급기야는 상대방이 미워지기까지 한다. 감정이 수용되지 않으면 대부분 부정적인 감정이 더 커진다. 하지만 감정이 수용된다고 느끼면 부정적인 감정은 강도가 낮아진다. 부정적인 감정 수준이 낮아져야 아이와도 논리적이고 인지적인 대화가 가능해진다.

이렇게 자신의 마음을 가까운 사람들이 알아봐 줄 때 아이들의 공감 능력이 발달한다. 발달한 공감 능력은 이후 사회적 상호작용과 사회적 판단에 기초가 되고, 공감을 충분히 받은 아이는 자신의 감정을 훨씬 더 잘 조절할 수 있게 된다. 그래야 그다음 감정을 표현하는 언어를 받아들이는 과정도 원활하게 이루어질 수 있다.

감정 표현 놀이에서
부모가 알아야 할 것들

6~7세 사이 유아와 부모의 상호작용은 아이들의 정서를 형성하고 결정한다. 이를 '감정 양식'이라고 한다. 한번 만들어진 어린 시절의 감정 양식은 평생 유지된다.

대개 감정은 부모가 아이에게 감정을 전달하면 아이가 그에 적절한 반응을 보이고, 그 반응이 또다시 부모의 반응을 불러오며 순환한다. 따라서 부모가 아이에게 따뜻하고 안정감을 주는 눈빛과 태도로 감정을 보여 주는 것이 중요하다. 감정을 보여 준다는 것은 감정을 언어로 표현하는 것과 더불어 비언어적인 목소리의 톤이나 세기, 눈빛, 제스처 등이 다 함께 전달되는 것으로 보면 된다. 인생 초기의 감정 양식이 아이에게 얼마나 인상적이었는지, 그러한 경험이 또 얼마나 지속되었는지, 아빠나 엄마에게 받은 수용적인 사랑이 얼마나 균형을 이루었는지에 따라 아이의 감정 양식은 달라진다.

감정은 배워야 표현할 수 있다

갓 태어난 아기는 기쁨, 두려움, 분노, 불쾌함, 슬픔의 감정을 처리할 수 있는 능력을 지니고 태어난다. 부모의 역할은 아이가 이러한 감정을 잘 발달시키고 발휘하도록 자극을 제공하는 것이다. 부모와의 상호작용을 통해 타고난 기본 감정이 점차 세분화되는 것이다.

예를 들어, 부모와의 안정적 애착을 형성한 아이는 엄마가 자신에게 보내는 따뜻한 눈빛을 받으면서 편안함을 경험하고, 자신과 놀아 주는 엄마와의 놀이에서 흥미로움을 경험한다. 이런 경험이 쌓여 기쁨, 행복감과 같은 감정으로 발전하고 세분화된다. 부정적인 감정도 마찬가지다. 어린 시절 아버지의 폭력으로 인해 두려운 감정을 경험했다고 하자. 이러한 두려움이 쌓이고, 반복되면 분노가 생긴다. 폭력이 줄어들지 않고 계속 분노가 쌓이면 증오심이나 미움, 혼란과 같은 감정으로 발전되며 세분화된다.

세분화된 감정을 표현하기 위해서는 그 감정이 무엇인지 알아야 한다. 감정을 이해하고 감정의 이름을 알면 이를 표현할 수 있게 된다. 처음 경험하는 감정을 느낄 때 아이가 어떻게 표현해야 하는지를 모르는 것은 당연하다. 친구에게 거절당한 속상함을 경험했을 때, 아이는 그저 우는 행동으로 감정을 드러낸다. 뭔지 모르는 자신의 감정을 언어로 표현할 수단이 없기 때문이다. 이때는 부모가 아이의 감정을 알아차리고, 이해한 후 세분화된 언어로 다시 표현해 주어야 한다. "친구가 너랑 놀지 않겠다고 해서 속상하구나." 이렇게 언어로 감정 표현을 다시 들으면서, 아이들은 자신의 감정에 이름을 붙이게 된다. 내 감정 양식 리스트에 '속상하다'라는 감정이 입력되는 것이다. 입력된 이 감정은 다른 상황에서 비슷한 감정을 경험할 때 다시 사용할 수단이 된다.

다양한 감정 언어 알기

예전에 부모 교육을 하며, 참가자들에게 '내가 경험한 감정'에 대해 적어 보라고 한 적이 있다. 참가자 대부분이 10개까지는 어려움 없이 쓰지만, 그 이상은 쓰기 어려워했다. 그중 한 분은 '좋다', '싫다' 이렇게 두 단어만을 쓰고는 더 이상은 잘 모르겠다고 답하기도 했다. 물론 감정을 긍정적 감정과 부정적 감정으로 나눌 수 있다. 하지만 그 안에는 세부적으로 나눌 수 있는 수많은 감정이 있다. '화나다' 같은 감정을 떠올려 보자. 이 감정을 자세히 들여다보면 '불만스럽다', '짜증나다', '앙심을 품다', '불쾌하다', '분하다', '괴롭다', '역겹다', '언짢다', '거슬리다' 등으로 분화될 수 있다. 그냥 '화난다'라고 말할 수도 있지만, 내 감정을 깊이 들여다보면 좀 더 구체적이고 명료하게 감정을 표현할 수 있는 것이다. '행복하다' 같은 감정도 마찬가지다. '고맙다', '감동하다', '즐겁다', '안도하다', '자신만만하다', '신나다', '기쁘다'와 같은 감정으로 세분화될 수 있다.

아이에게 구체적인 감정의 단어를 가르치기 위해서는 부모 자신도 다양한 감정을 언어로 말할 수 있어야 한다. 그러기 위해서는 자신의 감정 상태를 명확하게 인식해야 한다. 감정을 인식하면 감정을 조절하고 적절하게 반응하기가 훨씬 쉬워진다. 감정을 인식하는 것 자체가 모든 문제를 해결하는 것은 아니지만, 자기의 감정을 이해하고 제대로 바라볼 수 있다면 그 감정을 덜 위협적으로 느끼고, 이를 수용하는 과정에서 편안해지기 때문이다.

부모부터 자기의 감정을 이해하도록 노력해 보자. 그런 과정에서 타인의 감정을 인식하는 능력이 발달하고, 내 아이를 더 잘 이해할 수 있게 된다. 다음은 4~7세 아이들이 알아야 할 감정 목록이다. 목록에 있는 단어를 바탕으로, 아이들과 함께 하나씩 차근차근 감정 공부를 해 보아도 좋을 것이다.

① 기쁨의 감정

감사하다, 기쁘다, 신나다, 행복하다, 감동하다, 뿌듯하다, 자랑
스럽다, 만족스럽다, 자신만만하다, 안심되다, 편안하다, 즐겁다, 고
맙다, 반갑다, 사랑스럽다, 두근거리다, 힘이 나다, 기대되다.

② 두려움의 감정

걱정되다, 두렵다, 긴장되다, 놀라다, 무섭다, 불안하다, 망설여진
다, 당황하다, 속상하다

③ 분노의 감정

답답하다, 밉다, 화나다, 얄밉다, 억울하다, 짜증나다, 분하다, 지
긋지긋하다, 원망스럽다

④ 불쾌함의 감정

곤란하다, 불편하다, 어색하다, 귀찮다, 심심하다, 지루하다, 부끄
럽다, 쑥스럽다, 피곤하다, 조마조마하다, 부담스럽다, 싫다.

⑤ 슬픔의 감정

괴롭다, 미안하다, 아쉽다, 실망하다, 안타깝다, 허전하다, 우울
하다, 서럽다, 섭섭하다, 서운하다, 후회하다, 슬프다, 외롭다, 그립
다, 마음 아프다.

감정은 솔직하게 표현되어야 한다

부모는 아이가 느끼는 감정을 잘 표현해 주어야 한다. 이때 가장 중요한 것은 '아이의 감정을 그대로 인정하기'다. 네가 느끼는 감정이 정당하며, 당연하다는 것을 알려 주는 것이다.

가끔 감정에 매우 엄격한 부모를 만난다. 아이에게 해결책을 제시하고 잘못을 판단해 주는 일에는 매우 합리적으로 대처하지만, 아이의 감정을 인정하는 데는 인색한 모습을 보인다. 아이는 지극히 정상적인 감정 반응을 나타내는 것인데, 결과적으로 부모가 이러한 감정을 억압하는 셈이다.

대형마트나 백화점에서 아이를 혼내는 부모의 모습을 다들 한 번은 본 적이 있을 것이다. 아이가 장난감 진열장을 보고 너무 기뻐서 소리를 크게 지르자, 어떤 부모는 사람들이 많은 곳에서 소리를 질렀다며 "소리 지르지 마. 입 다물어."라고 아이를 위협하기도 한다. 이때 현명한 부모라면 아이가 보인 감정에 대해 먼저 반응해 줄 것이다. "네가 원하는 게 여기 많으니까 갑자기 너무 신났구나. 맘에 드는 게 너무 많지?"라며 아이가 보인 감정을 그대로 말로 표현해 주는 것이다. 그다음 행동해야 할 것을 알려 주면 된다. "그런데 여기서 네가 큰 소리를 내면 다른 사람들이 놀라고 싫어할 수 있어. 나중에 밖에 나가서 너의 신나는 마음을 맘껏 소리치면 돼." 그 감정이 당연하다는 것을 인정해 준 후, 왜 다른 사람을 배려하는 행동을 해야 하는지 알려 주는 것이다. 자연스럽게 생겨난 감정을 억압하지 않고 그대로 공감하며 반응해 주는 것, 이것이 아이의 마음이 건강하게 자라도록 하는 지름길이다.

부모와 감정 대화를 솔직하게 나누는 것은 자녀가 세상을 긍정적으로 느끼도록 도와준다. 감정을 자제하는 것이 아니라 적절한 방식으로 표현하는 것을 배우면 훨씬 더 유연하게 살아갈 수 있다. 솔직하게 감정을 표현하고 자란 아이는 성격이 좋아질 수밖에 없다. 다른 사람을 배려하고 공감하며 건강한 대인 관계를 만들어 나갈 수 있다.

놀이를 통해 감정을 언어로 표현하기

아이의 감정을 말로 반영해 주면 아이는 이해받고 있다고 느낀다. 자신의 감정이 수용되는 경험을 할수록 아이는 자신의 마음을 더욱 개방한다. 사실 아이들은 대부분 긍정적인 감정에 대해서는 부모에게 자주 표현한다. 하지만 부정적인 감정에 대해서는 회피하면서 표현하지 않는 경우가 많다. 그 이유가 무얼까?

"엄마 나 도형이가 나랑 안 놀고 다른 친구랑만 놀아서 짜증나." 아이가 이렇게 말할 때 내가 부모라면 어떻게 이야기해 줄 수 있을까? "뭘 그런 걸로 짜증을 내. 너도 다른 친구랑 놀면 되지.",

"그럴 수도 있지 뭐. 별일도 아니니 신경 쓰지 마." 혹시 이렇게 말하진 않을까? 이런 말을 들은 아이는 그다음 어떤 감정을 느낄지 생각해 보자. '아, 이런 걸로 화를 내면 안 되는구나.', '이런 말을 하면 엄마가 싫어하는구나.' 이렇게 생각할 수 있다. 그리고 다음부터는 이런 일이 있으면 엄마에게 이야기하지 않을 것이다. 왜냐하면 얘기해 봤자 혼날 것이 자명하기 때문이다.

아이가 부정적인 감정에 대해 표현할 때 부모들은 주로 "별거 아니야.", "괜찮아. 걱정하지마."라고 말하며 자녀의 감정을 수용하지 않는다. 이는 그 감정은 나쁜 것이니 그런 감정을 느끼지 말라고 말하는 것이나 마찬가지다. 하지만 감정에 좋은 것과 나쁜 것은 없다. 그저 자연스럽게 느껴지는 것일 뿐이다.

감정은 몸이 나에게 보내는 신호와 같다. 이 신호가 부정적이라 해서 무조건 억제하고 피할 것이 아니라, 이 신호가 나에게 어떤 것을 전달하는지를 잘 분석하고 억제할 것인지 아니면 표현할 것인지 생각해야 한다. 그런 후 표현해야 한다면 어떤 방법으로 표현할지 생각하면 된다. 감정의 신호를 무조건 겁내고 억제하려 하면 감정은 뒤틀려 내면에 켜켜이 쌓인다. "네가 그래서 실망했구나. 친구랑 놀고 싶었는데 안 되니까 짜증도 났겠네." 이렇게 부모가 아이의 감정을 이해하고 표현해 줄 때 자녀는 자신의 감정을 신뢰하고, 더 나아가 자신을 신뢰하게 된다.

자녀의 감정을 언어로 표현해 줄 때는 공감을 전달하는 것이 좋다. 공감은 말만이 아니라 표정, 목소리의 톤, 억양 등을 통해 나타나기에 기계적인 공감이 아닌 마음에서 우러나오는 공감이 중요하다. 그것이 진실한 공감인지 아닌지는 아이들이 가장 먼저 파악한다.

아이와 놀이할 때도 마찬가지이다. 아이가 놀이하면서 보이는 자연스러운 감정을 그대로 반영하는 것이 좋다. 놀이하면서 아이가 행복해하면 "그걸 만지면서 기분이 편안해 보이네."라고 이야기해 주면 되고, 어떤 놀잇감을 만지면서 무서워하면 "뱀이나 상어는 진짜 같아서 무서운 거구나."라고 이야기해 줄 수 있다. 게임을 하다가 자신이 지고 있는 것에 씩씩거리며 짜증을 내는 아이를 보면 혼내는 것이 아니라 "네가 지고 있으니 속상한 거지.", "이기고 싶었는데 자꾸 주사위 숫자가 작은 것만 나와 화가 나지.", "네 마음대로 되지 않으니 분하구나."라고 얘기해 준다. 이렇게 마음을 읽어 주면 100퍼센트로 가득 찼던 부정적인 감정의 수준이 차츰 낮아진다.

어떤 아이는 한 번의 반응으로 낮아지기도 하고, 어떤 아이는 이 과정을 충분히 더 많이 해줘야 나아진다. 그건 아이마다 다르다. 감정을 조절하는 아이의 능력이 다 다르기 때문이다. 우리 아이는 그래도 안 된다면, 그건 아직 감정 조절 능력의 발달이 미흡하기 때문이다. 그러면 어떻게 해야 할까? 계속해 주면 된다. 실전에서 계속하는 연습이야말로 감정 조절 능력을 발달시키는 최적의 방법이다.

부모가 자신의 감정을 통제할 수 있어야 한다

부모가 자신의 감정을 통제하지 못하는 경우, 대개 자녀들도 같은 문제를 보인다. 앞서 아이의 감정 양식이 부모로부터 만들어진다고 했던 것을 기억할 것이다. 부모가 자신의 감정을 조절하는 모습은 아이들에게 본보기가 되고 감정 양식을 형성하는 데 큰 영향을 미친다.

아이 때문에 화가 난 아빠가 "너 뭐야? 안 된다고 했지. 당장 이리 와!"라고 갑자기 버럭 소리를 지르며 무서운 얼굴을 한다. 아이는 두려움에 떨며 아빠를 바라보고, 뭐라고 말해야 할지 몰라 얼어붙는다. 이런 모습을 보며 아이는 화가 날 때는 소리를 지르고 무섭게 행동해서 상대방을 꼼짝 못하게 해야 한다는 행동을 학습한다. 그러고는 자신도 화가 날 때 같은 방식으로 행동한다. 반면 아이 때문에 화가 났지만, 아빠가 "네 행동 때문에 아빠는 지금 너무 화가 나. 아빠 마음이 안 좋으니 잠시 생각한 후에 이야기할게."라고 말하며 서로 떨어져 있었다고 하자. 이런 모습을 본 아이는 먼저 아빠의 감정 표현으로 화가 났다는 사실을 인식하고, 화가 날 때는 바로 화내는 것이 아니라 감정을 추스를 시간이 필요하며, 다시 이야기하는 과정을 통해 갈등을 해결할 수 있음을 배우게 된다. 아이들은 부모의 태도를 스펀지처럼 흡수한다.

상담을 오는 아이 중에 "야, 까불지 말랬지? 당장 씻으라고!" 하며 가족 인형들을 욕조에 넣는 놀이를 하는 아이가 있었다. 매번 올 때마다 반복하는 놀이였다. 아이의 부모는 평소 통제적으로 지시하고 강요하는 편이었다. 아이 또한 자신의 기준에 맞게 복종하기를 바랐다. 아이는 학교에서도 친구들에게 화내듯 지시하고, 자신의 지시에 따르지 않으면 분노하는 문제를 보였다. 양육 방식 그대로 타인에게 감정을 쏟아 낸 것이다. 아이들이 이러하니 부모부터 자신의 감정을 성숙하게 표현하는 방법을 익히는 것이 중요하다고 말하는 것이다. 그렇다면 어떻게 할 수 있을까?

우선 자신의 감정에 이름을 붙여 본다. '내가 화가 났구나.', '내가 지금 불안하구나.' 이렇게 스스로 자신이 느끼는 감정을 알아차리는 것이 먼저다. 그다음으로, 그 감정을 느꼈을 때 하던 습관적인 행동을 하지 않는 것이다. 평소 화가 나면 소리를 질렀다면, 이제는 그렇게 하지 않기로 한다. 감정과 행동의 짝을 파괴하는 것인데, 미리 그 짝을 다른 것으로 대체해 놓으면 좋다. 화가 나면 '얼음을 손에 쥐어야지.', '찬물로 세수해야지.', '방에서 혼자 심호흡을 크게 해야지.' 등 나만의 방식을 만들어 놓는 것이다. 몇 가지 방법을 생각해 보고, 나에게 가장 효과가 있는 것을 선택한다.

내 경우 있던 곳을 벗어나거나, 호흡하며 몸을 이완하는 방법이 가장 효과적이었다. 갈등이 일어난 곳을 벗어나는 것은 주위를 환기해 현재의 감정 상태에 몰두하지 않게 한다. 다만 주의할 점은 아이와 함께 있던 공간에서 아이를 그냥 두고 나가버리는 것은 안 된다. 아이에게 "엄마가 지금은 너랑 더 이야기하면 화가 더 날 거 같아. 마음이 좀 괜찮아질 때까지 시간을 갖자."라고 이야기한 후 다른 방이나 공간으로 이동해야 한다. 만약 이런 설명 없이 엄마가 공간을 벗어나면, 아이는 불안하고 두려운 마음이 생길 수 있다. 공간을 이동한 후에는 내 감정이 무엇인지를 생각해 본다. 이때 감정이 잘 다스려지지 않으면 크게 호흡을 하며 감정을 분산시키려고 노력한다. 이렇게 하면 100퍼센트로 가득 찼던 부정적 감정이 70퍼센트, 60퍼센트로 점차 줄어든다. 감정이 가라앉으면 이성적인 생각을 할 수 있게 된다. 그런 후 나와서 아이와 차분하게 이야기를 나눈다.

이러한 방법을 사용하면 아이도 부모의 모습을 보고 따라 하려고 노력한다. 나를 위한 일이기도 하지만, 아이를 위한 일이기도 하다.

감정 표현 놀이 7가지

감정을 표현할 수 있도록 도와주는 놀이는 사실 모든 놀이에서 적용될 수 있다. 게임을 하면서도 감정은 시시때때로 변화하고, 역할 놀이를 하면서도 감정이 다 드러나기 때문이다. 감정이 보이는 대로 아이에게 표현해 주는 것만으로도 충분하다. 그렇게 알아차려 주는 것이 아이에게는 다 감정 공부가 된다. 다음에 소개하는 놀이는 감정 알아차리기와 표현에 좀 더 초점을 두고 있는 놀이들이다. 아이와의 놀이에 활용해 보길 바란다.

① 감정 카드 놀이

(준비물)

감정 카드

(놀이 방법)

감정 카드를 활용한 놀이는 매우 많은데 그중 4~7세 아이들과 하기에 적절한 몇 가지 방법을 소개한다.

- 감정 카드 퀴즈: 감정 카드를 10장씩 나누어 갖고 스피드 퀴즈를 한다. '슬프다'라는 감정 카드를 골랐다면, 상대방이 이 단어를 맞힐 수 있도록 어떤 때 그런 감정을 느끼는지 설명한다. 처음에는 부모가 먼저 시범을 보여 설명하고, 아이가 맞히도록 한다. 맞히면 카드를 준다. 세 번의 기회 동안 맞히지 못하면 카드를 받지 못한다.

- 감정 카드 이야기: 감정 카드 여러 장을 책상 위에 올려놓고 오늘 자신이 느낀 감정 세 개를 찾아보게 한다. 가족이 모두 둘러 앉아 함께 할 수 있는데, 한 번씩 돌아가면서 총 세 개의 카드를 선택하고 왜 그런 감정을 느꼈는지 이야기한다. 아이들이 자신의 이야기를 하면서 동시에 다른 가족이 느낀 감정에 대해서도 배울

수 있다.

- 감정을 몸으로 말해요: 가족 각각 카드를 나누어 갖고, 자신이 가지고 있는 카드의 감정을 행동과 표정으로 표현한다. 이를 맞힌 사람에게 해당 카드를 준다. 카드를 가장 많이 모은 사람이 이기는 놀이다.

감정은 말로도 표현되지만, 비언어적인 표현에서도 많이 드러난다. 사회성이 부족하거나 사회적 인지가 부족한 아이에게 효과적인 놀이다.

(놀이 효과)

감정을 어떻게 표현해야 하는지 잘 알지 못하는 아이들의 감정 언어를 확장하는 데 유용하다. 비언어적인 표현까지도 인식할 수 있어 감정 표현에 도움이 된다.

(Tip)

- 감정 카드는 대체로 50~70개의 감정 목록으로 이루어져 있다. 모든 카드를 다 사용할 필요는 없으며, 아이의 나이에 따라 난이도를 조정하여 사용한다.
- 감정 카드를 직접 만들어 사용할 수도 있다. 만약 새로운 감정을 경험했다면 감정을 추가하여 놀이에 활용한다.

- 시중에 나와 있는 감정 카드 중에 아이들의 표정이 그려진 것도 있고, 동물에 빗대어 나온 것도 있다. 아이가 선호하는 종류로 골라 사용할 수 있다.

❷ 감정 표현 빙고 게임

(준비물)

종이, 연필

(놀이 방법)

빙고 판(5×5)을 만든 뒤, 각자 자신이 알고 있는 감정 표현을 빈칸에 적는다. 게임을 할 때는 단어를 직접 말하는 대신 해당 단어의 뜻을 설명하여 아이가 빙고를 채워 나가도록 한다. 한 줄을 먼저 완성하는 사람이 이긴다.

(놀이 효과)

빙고 게임에 감정 표현 단어를 채우면서 재미있게 감정을 익힐 수 있다. 감정 카드와 마찬가지로 다양한 감정 표현 어휘를 습득하는 데 도움을 준다.

아이의 나이를 고려해 감정 빙고 판은 더 크게 또는 더 작게 만들 수 있다. 4세 아동은 3×3 빙고 판, 5~6세는 4×4 빙고 판, 7세 아동은 5×5 빙고 판을 사용하는 게 적당하다.

③ 나만의 감정 피자를 만들어요

준비물

다양한 색의 점토(클레이)

놀이 방법

다양한 색의 점토를 활용하여 감정 단어와 색상을 연결 짓는다. 예를 들어 '슬픔'이라는 감정은 어떤 색의 점토로 할 건지 정하는 것부터 시작이다. 다음의 예시와 같이 감정과 연관되는 점토의 색을 정했다면, 점토로 자신만의 '감정 피자'를 만들어 본다.

예시

기쁨	슬픔	화남	속상함	행복함	뿌듯함
노랑	검정	빨강	보라	주황	파랑

먼저 동그랗게 도우를 만들고 그 위에 오늘 자신이 느낀 감정을 피자의 토핑으로 올린다. 피자를 다 만든 후에는 오늘 어떤 감정을 가장 많이 느꼈는지, 조금 느낀 감정은 무엇인지 이야기 나눈다.

감정을 표현하는 것뿐만 아니라 감정의 수준을 나타내는 데도 도움이 된다. 오늘 있었던 일을 접목하여 감정을 탐색하고, 감정의 정도가 어땠는지 살펴볼 수 있다.

4~5세의 경우 감정 개수가 많으면 잘 기억하지 못할 수 있다. 연령이 낮을수록 감정의 개수를 줄여 진행한다.

❹ 오늘 있었던 일을 듣고 어떤 감정일지 생각해 보아요

없음

한 사람이 먼저 오늘 있었던 일을 이야기하면, 상대방이 그때 감정이 어땠을지 맞히는 놀이이다. 예를 들어 엄마가 "오늘 늦게 일어나는 바람에 회사에 지각했어, 부장님이 알까봐 마음이 ○○○했단다."라고 이야기하면, 아이가 이에 대한 감정을 맞히는 것이다. 비슷한 감정이라면 맞게 해 줄 수 있고, 다른 감정이라면 몇 가지의 힌트를 주면서 아이가 맞힐 수 있도록 도와준다. 아이와 번갈아 가며 진행한다.

놀이 효과

신체적인 활동이나 자극 없이 아이와 지루하게 시간을 보내야 할 때, 오랫동안 차를 타고 이동할 때, 혹은 산책하면서 하기 좋은 놀이이다. 아이가 엄마의 에피소드를 듣게 되는 장점이 있으며, 엄마에 대해 더 많은 관심을 가지고 감정을 공유할 수 있다.

Tip

아이들은 생각보다 엄마의 에피소드 듣는 것을 좋아한다. 나의 이야기를 들려주고 서로 이야기를 나누는 과정에서 아이는 공감하는 법을 배울 수 있다.

⑤ 감정을 색깔로 표현해 보아요

준비물

물감, 투명한 유리컵, 나무젓가락

놀이 방법

물감과 물을 사용하여 감정의 색깔을 만드는 놀이다. 유리컵에 몇 가지 감정을 나타내는 단어를 적고, 아이와 이야기하면서 그 감정의 색은 무슨 색으로 할지 정한다. 화나는 감정의 색을 '빨강'으로 했다면, 왜 그렇게 정했는지 함께 이야기 나누어 본다. 예를 들어 "화가 나면 얼굴이 빨개지고, 머리에서 불이 나오는 것 같으니까 빨간색이야."라고 이야기할 수 있다. 이런 식으로 다른 감정에도 색을 만들어 본다.

놀이 효과

감정을 색으로 표현함으로써 감정을 나타내는 다양한 방법을 알게 된다. 감정을 비유적으로 나타내는 방법에 대해서도 배울 수 있다.

Tip

투명한 유리컵을 사용하면 색깔을 바로 볼 수 있고, 아이들이 좋아한다. 깨질 것이 염려된다면 종이컵을 사용해도 무방하다.

⑥ 감정 UP & DOWN

(준비물)

감정 그림, 도화지, 가위, 풀

(놀이 방법)

도화지를 길게 오린 다음 양 끝을 붙여 머리띠를 만든다. 새로운 도화지에 다양한 감정 그림을 그린 후 오린다. 아이가 머리띠를 하면, 오린 감정 그림을 머리띠 가운데에 풀로 붙여 준다. 부모가 아이에게 감정을 알려 주면, 아이는 그 감정에 맞는 동작과 소리를 낸다. 이때 부모가 손가락으로 업(UP/위로), 다운(DOWN/아래로), 스탑(STOP/멈춰)을 외칠 수 있는데, 업을 외치면 그 감정의 강도를 더 세게 보여주고, 다운을 외치면 감정의 강도를 낮추는 것이다. 예를 들어, 놀라는 감정이라면 업할 때는 더 크게 놀라고, 다운하면 살짝 놀란다. 스탑을 외치면 놀람을 멈춘다.

(놀이 효과)

감정을 몸으로 표현하면서 감정의 강도와 수준을 파악할 수 있다. 같은 감정이라도 정도에 따라 다르다는 것을 알게 되며, 감정 조절을 배울 수 있다.

Tip

- 처음에 아이가 어려워하면 부모가 먼저 본보기를 보여 방법을 알려 주고, 아이들이 따라 하도록 한다.
- 긍정적 감정과 부정적 감정을 나누어서 해 볼 수 있다.
- 감정 그림은 아이의 연령 수준에 따라 다르게 적용한다.

❼ 상대방의 표정을 거울처럼 따라해 보아요

준비물

거울

놀이 방법

서로 얼굴을 마주 보고 앉아서 거울처럼 상대방의 표정을 그대로 따라 한다. 그리고 그 감정이 무엇인지 맞히는 놀이다. 얼굴을 마주 보고도 할 수 있고, 큰 거울을 앞에 놓고 함께 바라보면서도 할 수 있다. 서로의 표정을 따라 하는 것만으로도 아이는 매우 재밌어한다. 이런 표정은 어떤 때 짓는 것인지 이야기를 나누며 한다.

'미러링'은 감정을 공유하고 서로를 이해하는 데 도움이 되는 심리 치료 기법 중 하나다. 이 놀이도 일종의 미러링 과정이다. 사람의 비언어적인 감정 표현 수단 중 하나인 표정을 관찰하고 따라 해 봄으로써 감정을 알아차리고 표현하는 법을 배울 수 있다.

(Tip)

여러 명이 할 때는 한 사람이 먼저 시작하고, 가장 똑같이 따라 한 사람에게 코인을 주어 코인이 많은 사람이 이기는 게임으로 진행할 수 있다.

Chapter 3

자존감을 높이는
진짜 놀이

자존감이 부족한
아이의 놀이

요즘 부모들은 아이의 자존감에 대해 관심이 많다. 아이가 조금만 위축되어 보여도 "우리 아이 자존감이 너무 떨어져 있어요."라며 상담 센터를 방문하기도 한다. 그러면서도 정작 자존감이 무엇인지를 물으면 잘 대답하지 못한다.

자존감이란 내가 사랑받을 만한 가치가 있는 소중한 존재이고 어떤 성과를 이루어 낼 만한 유능한 사람이라고 믿는 마음이다. 이는 매우 주관적인 판단이다. 다른 사람이 아닌, 자기가 자신을 어떻게 바라보는가가 자존감의 핵심이라 할 수 있다. 누가 봐도 뭐든 잘 해내며 부족한 게 없는 것 같은 아이인데도, 자신이 부족하다고, 못 한다고 인지하는 아이들이 있다. 바로 자존감이 낮은 아이들이다.

놀이에는 실패가 없다

　자존감 발달을 위해서는 아이의 발달 단계를 잘 이해하는 것이 무엇보다 중요하다. 영유아기에는 안정된 모(부)자 관계가 자존감의 기초가 된다. 기초가 부실하면 언제 흔들릴지 모를 불안한 건물을 짓는 것과 같다. 그러니 영아기에는 신체적인 만족감과 편안함을 느끼도록 하고, 주 양육자와 안정된 애착을 만드는 데 힘써야 한다. 안정된 기반이 만들어지면 자신을 긍정적으로 느끼고, 괜찮은 사람이라고 인식하는 마음이 싹트게 된다.

　4~7세 아이는 자기주장이 강해지고 자기 조절력도 발달한다. 성취 경험을 통해 할 수 있다는 자신감이 커진다. 이때 놀이가 아이들의 자존감을 높이는 데 중요한 역할을 한다. 놀이만큼 많은 성취 경험을 주는 것이 없기 때문이다. 놀이에는 실패가 없다. 만약 어떤 놀이에서 원하는 성공 경험을 하지 못했다면 놀이의 난이도를 조절하면 그만이다. 블록을 하나씩 쌓아 놓고 성공했다고 박수 치며 좋아하는 아이의 얼굴을 보자. 놀이야말로 아이들의 성취 경험을 북돋우는 일이다.

　예전에 우리나라 부모와 독일 부모의 양육 방식을 비교한 TV

다큐멘터리 프로그램을 본 적이 있다. 아이가 작은 나무토막으로 탑을 쌓는 과제를 수행하는데, 부모는 이를 도와주지 않아야 한다는 조건이 붙었다. 독일 부모는 아이가 하는 것을 지켜보지만 아이의 과제에는 개입하지 않았다. 그저 아이가 하는 동안 격려하고 칭찬하는 모습을 보였다. 다음은 한국 아이들 차례였다. 한국 부모는 아이가 혹여 실패할까 봐 걱정하는 모습이 역력했다. 도와주면 안 된다는 지시에도 불구하고 아이를 조금씩 도와주었다. 부모가 직접 해 주는 장면이 나오기도 했다. 내 아이가 실패하도록 둘 수 없어서였을까? 아이가 실패하고 속상할까봐였을까?

아이들에게 중요한 것이 무엇일지 생각해 봐야 한다. 사실 성공과 실패가 중요한 것은 아니다. 실패하더라도 스스로 해보는 경험이 중요하다. 만약 부모가 도움을 줘서 해냈다고 해도 그건 스스로 해낸 것이 아님을 아이도 알고 있기에 온전한 성취감을 느낄 수 없다.

특히 내 신체를 잘 조절할 수 있게 되는 시기인 유아기 4~7세 아이들에게 도전이 매우 중요하다. 양말을 혼자 신을 수 없었는데 이제 양말을 혼자 신고, 단추를 끼우지 못했는데 이제 단추를 끼워서 겉옷을 입을 수 있다. 이렇게 스스로 할 수 있는 일들이 확장되는 경험을 통해 아이는 자신에 대한 긍정적인 마음이 싹튼다. 자신이 용기를 낸 것을 기억하고, 부모의 격려를 통해 힘을 얻고, 실패하더라도 에너지를 회복할 수 있게 된다. 이렇게 시도하는 과정 자체가 자기 자신을 존중하고 스스로 해냈다는 뿌듯함을 느끼게 만든다. 이것이 바로 자존감이 형성되는 과정이다.

자아 존중감을 촉진하는 놀이

자존감이 부족한 아이들은 시도하기를 두려워한다. 늘 해 본 것만을 해 보려 하고, 새로운 것에 도전하지 않으려 한다. 실패할까봐 두렵기 때문이다. 자존감이 부족한 아이들의 놀이는 매우 위축되어 있다. 자신에 대한 신뢰가 없기 때문이다. 놀이하면서도 주변 눈치를 지나치게 살핀다. 원하는 놀잇감을 고르지 못하거나, 매번 같은 놀잇감만을 선택하고, 다른 놀이로 확장하지 못하기도 한다. 내 의견을 내세운 경험이 적다 보니 수동적이고 의존적인 모습을 보인다.

명호는 7세 남자아이로 친구들 사이에서 자기주장을 못 하고 매우 위축되어 상담을 온 아이였다. 명호는 기질이 느린 아이였고 위로 7살, 10살이 많은 큰 형들이 있었다. 형들은 매우 수용적이고 빠른 편인 반면, 명호는 조심성이 많고 행동이 느렸다. 그 때문에 부모와 형제에게 재촉을 많이 받는 편이었다. 부모는 느린 아이의 문제를 고쳐 주겠다고 아이를 자꾸 다그쳤고, 아이는 다그침이 두려워 더욱 시도를 못 하는 아이가 되어버렸다.

명호는 엄마와의 놀이에서도 뭘 하고 놀아야 할지 몰라 했다. 놀이의 경험이 부족한 것도 있지만, 자신이 주도적으로 선택하는 것을 매우 불안해했다. 자기에 대한 확신이 없기 때문이다. 엄마가 골라 주는 놀이를 해야 자신에게 책임을 묻지 않으리라 생각하니, 놀이의 주도권이 온통 엄마에게 가 있었다. 명호는 마트에 가서 자신이 좋아하는 아이스크림을 살 때도 의견을 말한 적이 없다고 했다. 모든 일상의 주도권이 자신에게 없으니, 아이가 얼마나 무력하고 자신감이 없었을지 가늠할 만했다. 주도권이 자신에게 없을 때는 매우 의존적인 성향이 된다. 책임감을 발달시키지 못한 탓이다. 주도권을 갖는다는 것은 스스로 선택하고 결과를 책임진다는 의미이기도 하다. 자신의 선택에 만족하고, 노력을 통해 성취를 만들어 내는 경험을 통해 자존감은 상승한다.

아래는 상담 과정을 통해 달라진 명호와 엄마의 놀이 과정이다. 아이의 자아존중감을 촉진하기 위한 엄마의 노력에 초점을 두고 살펴보길 바란다.

> 엄마: 명호야 뭐하고 놀까?
>
> 명호: 모르겠는데….
>
> 엄마: 뭔가 많으니까 고르기가 어렵구나.
>
> 명호: 몰라. 엄마가 골라.
>
> 엄마: 엄마가 골라 줬으면 하는가 보네. 네가 좋아하는 걸 고르는 게

중요할 거 같은데, 한번 천천히 살펴보자.

🐣 명호: (살펴보기 시작함)

🐥 엄마: 이것저것 살펴보고 있네.

🐣 명호: 그래도 모르겠어. 엄마가 골라 줘.

🐥 엄마: 엄마는 네가 어떤 걸 좋아하는지 말해 주지 않으면 네 마음을 몰라. 네가 고를 때까지 엄마는 천천히 기다릴게.

🐣 명호: 그럼 시간이 아까운데.

🐥 엄마: 시간이 가는 것은 아까운 모양이네. 괜찮아. 좋아하는 걸 찾는 것도 중요한 거니까.

🐣 명호: (축구게임을 쳐다보며) 이건 뭐지?

🐥 엄마: 그게 궁금하구나. 엄마가 기다리니까 네가 관심 있는 걸 찾아낸 거 같아.

🐣 명호: 나 축구 포지션이 미드필더잖아.

🐥 엄마: 너는 축구 포지션에 대해서도 알고 있구나.

🐣 명호: 당연하지. 골키퍼, 미드필더, 수비수, 공격수.

🐥 엄마: 그걸 다 기억하고 있네.

이전과 달리 명호 엄마는 아이를 천천히 기다려 준다. 과거에는 명호가 선택하지 못하는 것을 엄마가 대신 선택해 주었다면, 이제는 '너의 선택이 중요하다'는 메시지를 아이에게 전달하고, 아이의 작은 변화를 포착한다. 축구 게임을 쳐다보면서 "이건 뭐지?"라고 말하는 아이의 행동에서 아이의 관심사가 생겼다는 것을 알아차리고, 그 후에 아이의 결정을 믿어 주고, 스스로 그 결정을 만들어 낸 것을 격려한다.

결과를 재촉하기보다 과정을 함께 기다려 주고, 아이가 스스로 뭔가를 움직일 때 그 움직임을 포착하여 격려해 주면 아이는 점차 자기 능력을 알아 가게 된다. 명호는 선택도 스스로 하지 못하던 아이였다. 그런 아이가 스스로 선택했다는 것만으로도 충분히 긍정적인 변화이다.

자존감 놀이에서
부모가 알아야 할 것들

아이의 자존감을 키워주는 특별한 방법은 따로 없다. 그저 아이가 스스로 할 수 있는 일은 아이 스스로 하도록 두는 것 뿐이다. 대부분 부모가 아이를 위해 너무 많은 것을 해준다. 특히 요즘은 각 가정에서 아이를 1~2명만 낳으니 아이에게 관심을 더 많이 쏟고, 아이가 스스로 할 수 있는 것도 부모가 알아서 해 주는 경우가 많다. 하지만 부모의 과도한 도움과 사랑은 아이가 부모에게 지나치게 의존하게 만들고, 자신은 스스로 해결할 수 없다고 믿게 만든다.

결정권을 아이에게 돌려 주기

바쁜 현대 사회를 살아가는 부모들은 사실 시간이 늘 부족하다. 아이가 문제 해결하는 과정을 마냥 기다려 주기가 쉽지만은 않다. 밥을 먹을 때도 먹여 주어야 빨리 먹을 수 있고, 옷도 입혀 주어야 조금이나마 시간을 절약할 수 있다. 아이에게도 충분한 기회를 주어야 한다는 것을 머리로는 알지만, 현실의 삶이 그리 녹록하지 않기 때문이다. 나 역시도 워킹맘으로 아이를 키우며 늘 일분일초 정신없이 보냈기에 그것이 얼마나 어려운지 잘 안다. 하지만 기회와 시도가 없다면 아이는 경험 자체를 할 수 없다. 고군분투하는 인내의 경험이 없으면 성공 경험도 할 수 없다. 지금 1~2분의 시간을 아끼려고 아예 시도하지 않는다면, 나중에 어떤 돈과 시간을 들여서도 아이의 자존감을 살려 줄 수 없게 된다.

먼저 작은 결정부터 아이가 스스로 할 수 있도록 해 주자. 실제 상담실에서 부모와 아이가 놀이하는 모습만 봐도, 부모가 놀잇감부터 결정해 주는 경우가 너무나 많다. 이는 결정을 잘 못하는 아이일 경우 더 그렇다. 하지만 이제부터는 바뀌어야 한다. 결정을 잘 못하는 아이일수록 천천히 기다려 줘야 한다.

예전에 자존감이 매우 떨어져 있던 7세 아이를 만난 적이 있다. 놀잇감을 결정하는 데만 다섯 번의 상담 회기를 할애해야 했다. 그 친구는 매번 나에게 "선생님이 고르세요. 전 놀이를 몰라요."라고 말하고는 책상 앞에 앉아 40분을 있다가 갔다. 그다음 상담에서도 같은 모습을 보였다. 나는 아이에게 "너는 고르는 게 참 어렵구나. 그래 스스로 선택하는 게 어려울 수 있어. 하지만 선생님은 네가 무엇을 하고 싶은지 알려 주지 않으면 알 수 없단다. 네가 원하는 것을 고르는 건 무엇보다 중요해."라고 여러 번 이야기하며 그 시간을 버텼다.

다섯 번의 상담 후에야 아이는 상담실에 있던 종이와 펜을 이용해 작은 그림을 그리고 그것을 맞추는 놀이를 하기 시작했다. 그러고는 정말 누구도 상상할 수 없을 정도로 파괴적이고 공격적인 놀이를 만들어 냈다. 그동안 억압되었던 놀이 욕구가 그제야 펼쳐지기 시작한 것이다. 처음에는 "이걸로 놀아도 돼요?"라고 질문하던 아이는 스스로 선택하는 것이 늘면서 "선생님, 저거 가지고 놀아요."라고 이야기할 수 있게 되었다.

다른 사람이 아닌 내가 선택하고 만들어 낸 놀이가 더 재미있고, 흥미 있기 마련이다. 이와 함께 내가 만들어 냈다는 뿌듯함도 느낀다. 이러한 과정이 반복되면서 아이는 자신을 더 긍정적으로 인식하게 된다.

결과보다는 과정을 격려해 주기

우리는 자녀가 보여 준 결과만을 보고 판단하고 평가하는 경우가 많다. 아이가 애쓰는 과정에 대해서는 언급하지 않는다. 아니, 아이가 고군분투하는 과정을 잘 지켜보지도 못한다. 엄마가 잠깐 도와주면 금방 해낼 수 있으니까, 조금이라도 도와주어 성공할 수 있다면 그렇게 해 줘야 한다는 생각에 조급해진다.

아이들의 지능검사를 진행할 때, 아이의 분리불안이 심하여 가끔 부모와 아이가 함께 검사실에 입실하는 경우가 있다. 아이가 질문에 답하지 못하자 옆에 있던 엄마가 "너 그거 알잖아. 저번에 도서관에서 그 책 봤잖아. 우리 박물관에서 본 거 말이야."라며 계속 힌트를 주었다. 나는 엄마가 힌트를 줄 수 없다고 이야기했으나 "아니요. 선생님 힌트 아니에요. 쟤 아는데 여기가 낯설어서 말을 못하는 거예요. 시간 좀 더 주시면 안 돼요?"라며 계속 방해했다. 결국에는 엄마와 분리를 한 후에 제대로 된 검사를 진행할 수 있었다.

아이의 능력을 최대치로 끌어내고 싶은 부모의 마음을 이해한다 해도, 이러한 과정을 지켜보고 있는 아이의 마음을 먼저 생각해 봐야 한다. 엄마의 다그침에 아이는 점점 더 위축되고, 힌트를 주었는데도 알지 못하는 자신이 바보 같다고 느낀다. 자신은 잘 기억하지 못하는 아이, 누구나 쉽게 하는 것을 못 하는 아이라고 생각하게 된다. 엄마는 아이의 지능 지수를 높이려고 했겠지만, 아이는 자신감을 잃고 자신을 부정적으로 바라보게 된 것이다.

자신을 긍정적으로 느끼는 아이는 스스로 선택하고 결정하며, 그 과정에서 자신이 실패하더라도 격려받고 위로받으며 성장한다. 그러기 위해서는 어떻게 해야 할까? 부모가 결과보다는 해 나가는 과정을 격려해야 한다. 아이가 노력한 부분을 알아주고 인정해 줄 때, 아이도 자신이 만든 결과가 흡족하지 않더라도 수긍하고 받아들인다. 아이의 노력을 말로 표현해 줄 때, 자긍심과 자신감을 느끼고, 스스로 행동에 동기 부여를 하며 움직인다.

우리는 자녀를 격려하는 데 인색하다. 아마도 우리 자신이 격려하는 문화 속에서 살아오지 못했기 때문이 아닐까 싶다. 뭔가 성과를 이루고 잘 해내야 칭찬을 받았고, 칭찬을 받기 위해 더 열심히 해야 하는 분위기 속에서 성장했기 때문이다. 칭찬은 외적인 보상을 위해 동기 부여가 되는 부분이 크다. "만일 내가 좋다고 생각하는 것을 네가 한다면, 너는 나에게 인정과 보상을 받을 거야."라고 말하는 것과 같다. 하지만 격려는 다르다. 외적인 보상이 아닌 내부의 힘을 자극한다. "네가 원하는 것을 해내려고 애쓰고 있네.", "너는 끝까지 해 보려고 하는구나."와 같은 격려의 말은 결과에 상관없이 자신의 노력을 인정하게 해 준다. 자신감을 갖고 스스로 필요한 사람으로 느끼게 된다. 그럴 때만이 자신의 부족함을 받아들이고, 실수로부터 배우는 태도를 지닐 수 있다. 격려는 과정 자체에 초점을 두기에 아이가 내적인 노력에 집중하게 한다. 내구력과 결단력, 문제 해결력을 발휘하는 밑거름이 된다.

자신을 격려해 주는 부모의 말에 아이들의 미소가 커지는 모습을 상상해 보자. 사랑이 담긴 격려의 말로 아이들이 자신을 사랑하는 어른으로 성장한다면 그보다 더 행복한 일은 없을 것이다.

예시 | 우리 아이를 격려하는 말

"네가 끝까지 포기하지 않으니 해내는구나."
"네가 생각한 방법이 네 맘에 드는 것 같네."
"그걸 하기 위해 애쓰고 있네."
"네가 해냈구나."
"이만큼 해내기 위해 네가 얼마나 열심히 했는지 알겠다."
"네가 그것을 해내기 위해서 대단히 결심했네."
"너는 그것을 어떻게 할 것인지에 대해 계획을 세웠구나."
"네가 이것을 정말로 좋아하는구나."

자존감 놀이 7가지

자존감을 높이기 위해서는 놀이에서 가장 중요한 법칙 세 가지만 잘 지키면 된다. 아이를 존중하고, 주도권을 주며, 과정을 격려하는 것이다. 이러한 태도가 갖추어져 있다면 놀이의 종류는 중요하지 않다. 어떤 놀이든 아이의 자존감을 키워 줄 수 있다.

물론 자존감이 낮은 아이들이라면 좀 더 세심하게 자신을 긍정적으로 인식하도록 도와줄 수 있다. 다음에 소개할 놀이들은 일상생활에서 자신을 이해하고, 존중하며, 긍정적으로 바라볼 수 있도록 도와주는 놀이이다. 아이와 함께하는 놀이에 활용해 보길 바란다.

① 나의 몸과 마음을 그려 보아요

준비물

전지(전지 크기의 큰 종이), 네임펜이나 매직, 색칠 도구

놀이 방법

바닥에 전지를 놓아두고, 아이가 그 위에 눕는다. 아이가 작으면 전지 안으로 들어가겠지만, 아이가 크면 전지 밖으로 몸이 나올 수 있는데, 이때는 몸을 웅크려 전지 안으로 쏙 들어가도록 한다. 부모는 아이 몸의 테두리를 네임펜이나 매직으로 그려 몸의 모양을 본뜬다. 다 그린 후 아이를 밖으로 나오게 한 뒤, 그 안에 아이의 좋은 모습들을 말하고 적어 준다. '우리 ○○이는 양치를 잘해요.', '우리 ○○이는 밥을 잘 먹어요.', '우리 ○○이는 엄마 심부름을 잘해요.' 등과 같이 아이의 신체 부위와 연결하여 그림 부분에 내용을 적어 준다. 가능한 10가지 이상 좋은 점들을 표현해 준다. 아이 스스로 자신이 생각하는 자신의 긍정적인 면도 말하여 써 줄 수 있다.

놀이 효과

몸 모양을 본뜸으로써 자신의 신체적 이미지를 만들 수 있고, 아이의 좋은 모습을 이야기해 줌으로써 자신을 긍정적으로 바라

볼 수 있도록 한다.

(Tip)

가족 모두 본뜨기를 할 수 있다. 만약 오늘은 아이가 했다면 다음번 놀이에서는 엄마가, 그 다음에는 아빠가 해 볼 수 있다. 아이들은 자기가 중심이 되는 것도 좋아하지만, 엄마 아빠와 함께하는 것을 더욱 좋아한다.

❷ 나는야, 패션쇼 모델

(준비물)

옷, 가방이나 모자 같은 여러 가지 소품

(놀이 방법)

집에 있는 옷을 이용해서 패션쇼 모델 놀이를 한다. 가족 구성원 모두가 모델이 되고, 거실 무대가 패션쇼장이 된다. 엄마는 영상 찍기를 맡고, 아빠는 음악을 담당하는 등 패션쇼 준비를 위해 각자 역할도 나눌 수 있다. 워킹 연습을 하는 것만으로도 아이는 어깨가 펴지며 자신감 있게 움직인다. 여기서 옷과 소품을 아이 스스로 선택하게 한다. 모델이 된 모습은 사진으로 남기거나 영상으로 남긴다. 자기 모습을 뽐내고 박수받는 일은 긍정적인 자존감을 만드는 데 도움이 된다.

신체 이미지를 긍정적으로 인식하는 것은 자존감의 중요한 부분이다. 또한 모델처럼 자신감 있는 태도를 연습하는 것도 아이에게 좋은 경험이 될 수 있다.

• 부모가 보기에 너무 이상하더라도 아이의 선택을 방해해서는 안 된다. 모든 착장 구성을 스스로 해 보도록 하는 게 가장 중요하다.
• 무대를 함께 꾸민다. 이불을 길게 접어 런웨이를 만든다면 더욱 실감 나게 놀이할 수 있다.

❸ 마음껏 자유롭게 그려요

도화지, 크레파스

위축되고 자신감 없는 아이들에게 쉽게 적용할 수 있고 재밌게 해볼 수 있는 놀이다. 하얀 도화지를 준비하고 크레파스 중에서 한 가지 색을 고른다. 어떤 형태를 그리는 것이 아니라 도화지에 꽉 차도록 난화[1]를 그린다. 선이 교차 되면서 형태가 정해지지 않는 그림이 만들어진다.

난화가 완성된 후에는 이전에 골랐던 색과는 다른 색깔의 크레파스를 선택한다. 난화 안에서 교차 되면서 만들어진 선들을 자세히 살펴보면 그림이 연상되는데, 이것을 서로 찾는 것이다. 나무, 사람, 우산, 배추, 물고기 등 보이는 것들은 각자의 생각에 따라 다를 수 있기에 아이와 번갈아 가며 찾아가는 과정이 매우 재미있다. 아이가 4~5세 정도라면 이 정도의 난화 그리기만 해도 아주 훌륭한 놀이다.

6~7세 정도 되면 난화에서 발견한 것들로 이야기 꾸미기 놀이를 할 수 있다. 발견된 것들을 가위로 오려 놓고, 이것이 등장인물이나 구성품이 되는 이야기를 만들 수 있다. 그림에서 '개미', '사과', '집', '도끼', '나무', '물고기', '리본'을 찾았다면, 이것을 가지고 기승전결이 있는 하나의 이야기를 만들어 보는 것이다. 이때 아이와 부모가 한 문장씩 번갈아 가며 이야기를 주고받기를 권한다.

---

1 난화: 종이 위에 마음대로 휘갈겨 그리거나 긁적거리는 그림을 말한다.

이내 하나의 큰 이야기가 만들어질 것이다. 이야기를 다 만든 후에는 새로운 도화지에 이야기의 주제가 잘 드러날 수 있게 자른 그림을 배치하고, 주변에 그림을 더 그려 넣어 새로운 작품을 완성할 수 있다.

(놀이 효과)

난화 그리기는 자신의 무의식을 형상화하여 감정과 생각을 이야기하도록 하는 미술 치료 기법 중 하나다. 목적 없는 그리기를 통해 그림을 잘 그리지 못하는 아이도 잘 그려야 한다는 강박 없이 놀이할 수 있다. 창의적으로 이야기를 만들고, 정서적인 성취와 만족감을 채우는 데 도움이 된다.

(Tip)

이야기 꾸미기를 할 때는 부모가 이야기를 주도하지 말고 아이가 이야기를 만들어 나갈 수 있도록 격려하는 것이 좋다. 자신이 생각한 이야기와 다르게 부모가 이야기를 반전시키거나 원치 않는 이야기로 이어지면 자기표현이 잘 안될 수도 있다. 이야기의 주된 흐름은 아이에게 맡긴다.

❹ 쉐이빙 폼을 가지고 놀아요

(준비물)

쉐이빙 폼, 아이스크림 막대

(놀이 방법)

쉐이빙 폼을 턱 쪽에 묻히고 아빠가 하는 포즈를 따라 하며 면도하는 흉내를 낸다. 실제 면도기를 사용할 수 없으니, 아이스크림 나무 막대를 이용해서 거품을 제거하는 것이다. 쉐이빙 폼은 촉감이 매우 부드러워 아이들이 좋아하는 도구 중 하나인데, 촉감 놀이로 활용 가능하다.

또한 아세테이트지 같은 두툼한 비닐에 매직으로 자신의 얼굴을 그린 후 쉐이빙 폼을 이용해 머리 스타일을 만들거나 턱수염 만드는 놀이도 할 수 있다.

(놀이 효과)

거품 면도 놀이는 특히 남자아이들이 좋아한다. 아빠를 따라 하려는 행동이 늘어나는 4~7세 시기에 좋은 놀이다. 어른이 될 수는 없지만, 어른인 아빠가 하는 행동을 놀이로 해 보며 자신이 성장한 것 같은 기분을 느끼고 긍정적인 감정을 경험할 수 있다.

아이의 피부가 민감할 경우 문제가 될 수 있으므로 미리 손이나 다른 곳에 사용해 보고 시도한다. 턱 쪽에 바르는 것을 싫어하는 아이는 손등에 바르고 막대로 없애는 놀이로 변형해서 할 수도 있다.

⑤ 나는 이럴 때가 좋아요

준비물

없음

놀이 방법

부모와 아이가 마주 보고 앉아서 손을 나란히 잡는다. 부모 중한 사람이 먼저 아이에 대해서 어떤 때가 좋은지를 말한다. 예를들어 "엄마는 ○○이가 아침에 기분 좋게 일어나 엄마에게 뽀뽀해줄 때가 좋아요."라고 말하면, 아이도 같은 방식으로 "나는 엄마가 맛있는 빵을 구워줄 때가 좋아요."라고 이어 말한다. 서로 릴레이로 행복한 말을 전달하는 것이다. 부모에게 아이가 얼마나 소중한지 진심을 전할 수 있다.

아이들과 정서적인 상호작용을 나누기에 좋은 놀이다. 언어적 메시지와 비언어적인 메시지를 함께 나눌 수 있다. 자신에 대한 긍정적인 말을 들으며, 스스로 괜찮은 사람이라고 생각할 수 있다.

Tip

이 놀이는 꼭 마주 앉아 눈을 바라보고 하기를 권한다. 서로 눈을 마주 볼 때 비언어적인 메시지도 함께 전달되기 때문이다. 엄마는 아이를 가장 사랑스러운 눈으로 바라보게 되고, 아이 역시 엄마에게 사랑을 전달하려고 한다. 하다 보면 마음이 벅차 아이를 안아 주게 될 것이다.

6 신체 마사지 놀이

준비물

없음

놀이 방법

• 손 마사지: 서로의 손을 마주 잡고 아이가 좋아하는 로션을

발라 주면서 마사지 해 준다. 손 전체를 만져 주고, 손가락 하나하나, 손톱 하나하나도 만져 준다. 이때 "○○이 엄지손가락은 동그란 모양이구나.", "○○이 손등에는 점이 2개가 있다."라며 아이의 손에 대해 이야기 하면 서로 몰랐던 사실을 알게 되기도 한다.

- 발 마사지: 깨끗이 샤워를 끝낸 후에 발을 만져 주면 좋다. 또는 산책을 많이 한 날이나 걷다가 잠시 쉴 때 공원 벤치에 앉아서 발을 마사지 해 줘도 좋다. 아이들의 피로도 풀리고 기분이 좋아질 것이다.

- 배 마사지: 배 마사지도 아이들이 좋아하는 마사지 중 하나다. 따뜻한 찜질팩을 사용해 배를 따뜻하게 해 준 후 살살 문질러 줄 수 있다. 이때도 배를 문질러 주면서 재미있는 노래를 불러 주거나 아이 배에서 발견되는 특징에 대해 이야기 나눌 수 있다.

(놀이 효과)

아이와 다양한 마사지 놀이를 통해 부모와의 유대감을 강화시킬 수 있다. 서로의 몸을 만져 주는 행동은 안정된 애착을 형성하는 데 도움이 된다. 신체적인 접촉만으로도 아이는 불안이 줄고 안정을 얻을 수 있다.

부모가 아이에게 해 주는 놀이지만, 반대로 아이가 부모에게 해 줄 수도 있다. 작은 손으로 낑낑대면서 엄마 아빠의 손과 발을 만져 주면서 뿌듯해하고, 자신도 부모에게 도움이 될 수 있다는 생각으로 아이의 어깨가 으쓱해진다.

❼ 스킨십 보드게임

준비물

도화지, 펜, 주사위

놀이 방법

보드게임의 놀이 형식을 가져와 스킨십 보드게임을 만드는 것이다. 브루마블이나 인생게임처럼 큰 길을 만든 뒤, 각 칸마다 스킨십을 적어 넣는다. '오른쪽 사람과 뽀뽀하기.', '왼쪽 사람에게 고마웠던 일 말해 주기.', '두 번째 앞에 있는 사람에게 사랑해라고 세 번 말하기.', '원하는 사람에게 백허그 해 주기.' 등등. 일종의 미션으로 내용은 각 가정마다 하고 싶은 것으로 달리 정할 수 있다. 아이들에게 의견을 말할 기회를 주어 자신이 주도할 수 있도록 돕는다.

이 놀이는 친밀감을 높이는 스킨십을 통해 자기가 부모에게 특별한 아이임을 느끼게 하는 데 도움이 된다. 특히 스킨십을 어색해하거나 불편해하는 아이에게도 사용해 볼 수 있다. 게임이라는 형식을 가져오기 때문에 처음에는 미션처럼 수행하지만, 반복하면 할수록 아이 자신도 즐거움과 마음 한구석의 안정감을 느끼게 된다.

Tip

재미 요소를 넣어서 '엉덩이로 이름 쓰기', '웃긴 표정 짓기'와 같은 내용도 포함해 진행할 수 있고, '앞으로 세 칸 가시오', '뒤로 네 칸 가시오'와 같은 칸도 넣어 구성해 볼 수 있다.

Chapter 4

사회성을 기르는
진짜 놀이

사회성이 부족한
아이의 놀이

4~7세부터는 사회성이 본격적으로 발달하기 시작한다. 만 3세까지가 주 양육자와의 애착을 형성하는 결정적 시기라면, 4세부터 초등학교 입학 전까지는 사회성의 기초를 발달시킬 중요한 시기라 할 수 있다.

이때 부모와 함께 즐거운 자극을 경험하고 재미있게 놀면, '다른 사람과 노는 것은 재미있고, 어려운 일은 함께 나누면 마음이 풀어진다.'라는 경험이 아이의 뇌에 각인된다. 반면 부모와 아이 사이에 갈등이 생겨 부모가 늘 야단치고 화를 낸다면, 아이는 문제가 생길 때 합리적인 방식을 생각하지 못하고 화를 내거나 힘으로 해결하려는 모습을 보인다.

관계를 통해 습득하고 성장한다

만 3세 이전 아이들은 아직 다른 사람의 마음을 이해하고 행동하기 어렵다. 친구가 가진 장난감을 뺏는 행동은 그저 자기도 놀고 싶으니 가져오는 것이다. 옆에 친구가 울고 있어도 왜 그런지 잘 이해하지 못할 수 있다.

하지만 4세 정도 되면 자기중심적 사고에서 벗어나 다른 사람과 관계를 맺고 유지하는 것을 배우기 시작한다. 또래 친구에게 관심이 생겨나기 시작하는 것도 이 시기다. 이때부터 사회적 관계가 확장되고 사회성도 발달한다. 이러한 과정은 청소년기, 성인기까지 꾸준히 계속되며 성장한다. 그렇기에 당장 아이가 사회성에 어려움을 겪는다고 해도 너무 걱정할 필요는 없다. 아이들은 성장하면서 관계를 통해 습득하고, 어려움을 해결해 나가기 때문이다.

사회성이 부족한 아이들은 크게 3가지 유형으로 나뉜다.

첫 번째는 갈등 상황에서 공격적인 태도를 보이는 아이들이다. 사소한 갈등에도 친구를 밀치거나 때리고 소리를 지르거나 무는 등의 행동을 보인다. 이런 유형의 아이들은 놀이할 때 자기가 원하는 방식으로만 놀려고 한다. 또한 자신의 기준과 다른 행동을 보이는 아이들을 용납하지 못하거나 갈등 상황에서 적절한 방법을 찾지 못하고 충동적이고 공격적 행동을 보인다. 다른 사람의 상황을 생각하는 능력이 발달하지 않아 타협이 잘 이루어지지 않고 자기 고집만 부린다. 이러니 함께 하는 협동 놀이에서 협조자 역할을 잘 수행할 수 없다.

두 번째는 또래에게 관심이 없고 혼자서 하는 놀이만 계속하는 경우다. 3세 이전이면 흔한 모습이지만, 3세 이상인데도 혼자 놀고 또래와 관계를 맺으려 하지 않는다면 인지나 발달에 문제가 없는지 확인하고 전문가를 만나 볼 필요가 있다. 발달에 문제가 없다면 사회적인 능력이나 기술이 부족하여 또래 관계 형성이 어려운 것일 수 있다. 이런 유형의 아이들은 놀이할 때 자기 놀이에만 몰입한다. 다른 친구들이 다가오는 것을 싫어하고 때로 거부하는 모습을 보인다. 그래서 혼자 잘 놀고 있다가도 다른 아이들이 함께 놀자고 오면 뒤로 물러서거나 천천히 무리에서 빠져나가 혼자 놀이를 하는 경우가 많다.

세 번째는 또래 앞에서 지나치게 부끄러워하고 다가가지 못하는 경우다. 수줍음이 많은 성향일 수 있으며, 정서적으로 위축되거나 불안이 높은 경우에도 이 같은 모습을 나타낸다. 이런 유형의 아이들은 자기 의견을 말하지 못하는 경우가 많다. 또래와의 놀이에서도 쉽게 놀잇감을 빼앗기는 일이 많고, 거절하거나 싫다는 표현을 잘 하지 못해 욕구를 충분히 충족하지 못한다. 그저 누군가의 놀이를 따라가기만 할 뿐 자신은 어떤 의견도 내지 못하는 수동적인 모습을 보인다면, 놀이 파트너로서 매력을 잃게 될 수 있다.

사회성이 부족한 아이에게 필요한 것

신우는 7세 남자아이다. 친구와 놀이를 기분 좋게 시작하지만, 매번 싸우고 우는 행동으로 끝나버려 친구들에게 인기가 없는 아이였다. 무조건 자기가 하고 싶은 대로 놀이를 하고 싶어 하니, 친구들이 신우랑 노는 것을 좋아할 리가 없었다. 신우는 집에서도 늘 대장처럼 행세하는데, 못하게 하면 더욱 고집쟁이가 되어 버려 모두 신우가 원하는 것을 다 해 준다고 했다. 유치원에서도 마찬가지였다. 친구들과의 놀이에서 늘 자신이 원하는 역할만 하려 하거나, 뭐든 자신이 먼저 시작하려 하고, 놀잇감도 먼저 차지해 버리는 일이 비일비재했다.

다음은 상담실에 찾아온 후 처음 신우가 엄마와 놀이하는 장면이다.

> 🧒 신우: 엄마, 우리 병원 놀이 하자.
> 🧑 엄마: 그래. 그럼 지난번에 네가 환자 했으니까, 이번에는 엄마가 환자할게.
> 🧒 신우: 나도 환자 할 거야.

😀 엄마: 엄마는 무조건 의사하는 거야? 너만 환자하고?

👶 신우: 어, 나 먼저 할 거야. 내가 이 놀이하자고 했잖아.

😀 엄마: (시무룩하게) 알았어.

👶 신우: 빨리 해. 무서운 의사 선생님처럼 해.

😀 엄마: 난 무서운 의사 선생님 하기 싫은데. 친절한 의사 선생님은
안 돼?

👶 신우: 안 돼. 무서워야지. 주사 놓으려면 무서운 거야. 엄마는 그것
도 몰라?

😀 엄마: 엄마한테 그것도 모르다니? 무슨 말버릇이야.

👶 신우: 지금 그걸 왜 따져? 안된다고, 아! (화를 내며 소리 지름)

😀 엄마: 왜 소리를 질러? 엄마 그럼 안 할 거야.

👶 신우: 뭐야, 기분 나빠. (병원 놀이 놀잇감을 바닥에 던짐) 짜증나.

😀 엄마: 지금 던진 거야? 당장 가서 주워 와. 그거 안 주워 오면 엄마 너
랑 안 놀아.

👶 신우: 아씨, 안 할 거야. (나가버린다)

엄마와의 놀이에서도 신우는 무엇이든 명령하는 모습을 보였
다. 그런데 놀이 과정을 살펴보니 엄마의 반응이 다소 의아했다.
아이의 선택을 두고 엄마의 선택도 중요하다는 메시지를 강조하
며 아이의 결정에 계속 어깃장을 놓는 듯한 모습이었다. 더구나
엄마는 아이의 욕구를 수용하고 감정을 인정하기보다는 혼내고

비난하는 모습을 보였다. 엄마와 함께한 놀이 모습은 아이가 친구와 맺는 관계에서 나타나는 모습과 비슷했다. 친구와 갈등이 벌어졌을 때, 아이는 엄마가 자신에게 한 것처럼 친구를 비난하고 화를 내며 그렇게 하면 너랑 놀지 않겠다고 어깃장을 놓았다.

사회성은 사회적 상황에서 지켜야 할 기준을 습득하고, 적절한 사회적 기술을 가지고 반응하는 것이다. 아이가 일상의 여러 상황에서 경험한 것이 기준이 되어, 이를 바탕으로 다른 사회적 상황에 이를 적용하며 발현된다. 하지만 부모와의 관계에서 자연스럽고 정서적인 상호작용을 경험하지 못한 아이는 다른 사람과의 관계에서 꺼내 써야 할 사회적 기술을 제대로 익히지 못하게 된다.

다음은 상담을 어느 정도 진행한 후 신우와 엄마가 놀이하는 장면이다. 아이의 사회성 발달을 돕는 엄마의 변화를 주목하여 살펴보자.

신우: 엄마, 우리 병원 놀이 하자.

엄마: 그래. 병원 놀이를 하기로 결정했구나. 그럼 엄마는 뭐할까?

신우: 나는 환자 하고 싶어.

엄마: 너는 환자하고, 그럼 내가 의사를 해야겠네. 엄마도 환자 해 보고 싶다.

신우: 나 먼저 할 거야. 내가 이 놀이하자고 한 거잖아.

엄마: 그래. 네가 빨리 환자 해 보고 싶어서 그런 거구나.

신우: 그래. 빨리 해. 무서운 의사 선생님처럼 해.

엄마: 넌 무서운 의사 선생님을 나에게 시키고 싶은 거구나. 알겠어.

신우: 헤헤. 난 무서운 의사 선생님에게 주사 맞는 용감한 아이 할 거야.

엄마: 아하, 네가 용감한 아이라는 걸 보여 주고 싶은 거구나.

신우: 맞아. 난 용감하게 주사 잘 맞거든.

엄마: 그래. 지난번에 진짜 네가 주사 잘 맞아서 엄마 놀랐잖아.

신우: 그치? 내가 그렇다니까.

엄마의 반응에서 가장 달라진 부분은 무엇일까? 바로 '감정의 수용'이다. 엄마는 아이가 가진 감정을, 그것이 긍정적이든 부정적이든 그대로 인정해 주었다. 사회적 기술에서 중요한 타인의 말을 그대로 수용하고 반응해 주는 경청의 자세를 보인 것이다. 부모가 이러한 태도를 보이면 아이의 반응도 달라진다. 타인을 이해하고 반응하는 모습을 아이가 그대로 따라하며, 친구 관계에도 이를 적용할 수 있다. 아이에겐 사회생활에서 꺼내 쓸 수 있는 기술이 하나 생긴 셈이다.

사회성 놀이에서
부모가 알아야 할 것들

부모와의 애착은 나무가 자라는 데 가장 기본이 되는 토양과 같다. 나무를 심어 열매를 맺기까지 많은 시간이 필요한데, 토양이 너무 딱딱한 곳에 씨를 뿌리면 씨가 흙을 뚫지 못하고 말라버리고, 토양에 수분이 너무 많아 질척하면 씨가 썩어버린다. 적당한 수분과 온도는 씨앗을 싹틔우는 최적의 환경 조건이다.

아이를 키워내는 일도 마찬가지다. 부모와의 안정된 애착은 좋은 토양과 같다. 안정된 애착을 기반으로 그 위에 발달에 필요한 다른 것들, 자율성, 독립성, 자기 조절력, 공감 능력, 인지 발달, 사고력, 문제해결력, 사회성 같은 능력이 가지를 뻗어 나갈 수 있다.

부모와의 애착은 발달의 밑거름이다

정신분석가이자 애착 연구의 대가인 존 볼비John Bowlby는 애착을 '가장 가까운 사람과 연결되는 강렬하고 지속적인 정서적 유대감'이라고 표현했다. 애착이 만들어지기 위해서는 오랜 기간 주 양육자와 지내며 자기 요구에 대한 긍정적인 반응 경험이 쌓여야 한다. 이 과정에서 아이는 안전함과 따뜻함을 느끼며 애착 대상인 주 양육자를 안전 기지로 삼는다. 안전 기지에 대한 신뢰와 확신이 생겨야 아이가 외부를 탐색할 힘이 생긴다. 주 양육자와 맺는 애착의 형태가 모든 대인 관계의 원형이 되는 것이다.

부모와 애착을 잘 형성하면 아이는 정서적인 안정감을 가지고 타인과 자신을 모두 신뢰하며 자신 있게 관계를 맺을 수 있다. 그러나 불안정한 애착을 형성하면 안전 기지에 대한 확신이 없고 타인도 잘 신뢰하지 못하기에 외부의 다른 자극을 탐색할 때도 불안감이 크고 적극적이지 못하게 된다. '우리 엄마 아빠는 나를 인정해 주고 존중해 줘'라는 마음이 있을 때, 아이는 부모의 말을 훨씬 더 잘 수용한다. 부모로부터 인정과 존중을 받았던 아이는 타인에게도 같은 태도를 보여 준다. 그러니 애착은 사회성 발달에 가장 중요한 열쇠라고 해도 과언이 아니다.

자기와 타인에 대한 생각을 기준으로 본 애착

		나에 대한 생각	
		긍정적	부정적
타인에 대한 생각	긍정적	**안정 유형** • 나와 타인 모두에게 긍정적인 생각을 가짐. • 다른 사람과의 관계에서 편안함을 느낌. • 혼자 있을 때도 편안해하고 안정감을 가짐.	**집착 유형** • 나에게는 부정적이고, 타인에게는 긍정적인 생각을 가짐. • 대인관계에 집착을 보이며, 타인이 없으면 불안해하고, 남에게 매우 의존적인 모습을 보임. • 혼자 있을 때는 불안해하고 자신을 혼자 둔 대상에 대해 분노함.
	부정적	**무시 유형** • 나에게는 긍정적인데, 타인에게는 부정적인 생각을 가짐. • 친밀한 관계를 부담스러워하고, 대인관계를 불편해함. 자기감정을 잘 드러내지 않고 회피함. • 혼자 있을 때 편안해하고 안정감을 느낌.	**혼란 유형** • 나와 타인 모두에게 부정적인 생각을 가짐. • 자신을 부정하고, 생각과 감정이 혼란스럽고 복잡함. • 친밀한 관계를 두려워하고, 다른 사람을 무서워 함.

부모와의 놀이가 또래 놀이의 기초가 된다

사회성은 지식이나 언어로 배우기 어렵다. 친구와 사이좋게 놀아야 한다는 것은 알지만, 어떻게 놀아야 사이좋게 노는 건지는 경험을 해야 알 수 있다. 그러니 공감하는 법, 양보하는 법, 내 마음을 표현하는 법, 갈등 상황에 타협하는 법, 협동하며 함께 노는 법은 일상에서 경험을 통해 배워야 한다. 이는 평소 부모와의 놀이 과정에서 하나씩 알려 주는 것이 효과적이다. 아래 방법을 참고해 보자.

친구의 마음에 공감하는 법

공감 능력을 높이기 위해서는 감정 경험을 충분히 쌓는 것이 필요하다. 놀이 과정에서 부모가 느끼는 감정을 자주 언어로 들려 주는 것이 좋다. 감정은 한 번 알려 주는 것으로 배울 수 없다. 놀이 과정에서 부모가 아이의 감정을 민감하게 파악하고 언어로 끊임없이 표현하며 알려 주어야 한다.

도미노 쌓기 놀이를 하던 서윤이는 도미노가 자꾸 쓰러지니 기분이 안 좋아진다. 실패하는 자신이 실망스럽고 자신감이 떨어진다. 이에 대해 엄마는 서윤이의 마음을 하나씩 알아 주면서 도닥여 준다.

서윤 : 잘 안돼.

엄마 : 해 보려고 하는데 잘 안되면 마음이 좋지 않지.

서윤 : 내가 하니까 자꾸 쓰러져. 하기 싫어.

엄마 : 못한다고 생각하니 하기 싫어졌구나.

서윤 : 다 쓰러졌어.

엄마 : 근데 여기 다섯 개는 네가 쓰러뜨리지 않고 놓은 걸 내가 봤는데.

😊 서윤 : 거긴 잘 되었네.

😊 엄마 : 그래, 모두가 다 쓰러진 건 아니다.

😊 서윤 : 그렇네. 이건 안 쓰러져서 다행이다.

엄마와의 놀이에서 충분히 감정을 공감받은 아이는 친구와의 놀이에서도 친구의 마음을 알아차리고 언어로 전달할 수 있다.

친구에게 양보하는 법

친구에게 양보를 잘한다는 것은 자기의 감정이나 행동을 잘 조절한다는 의미다. 자신도 하고 싶은 마음이 있으나 이 마음을 조금 지연시킬 수 있으며 함께 했을 때의 기쁨을 아는 것이다. 부모와의 놀이에서 충분히 주도권과 욕구를 충족시킨 아이는 그 충족감을 다른 아이에게 나누어 줄 수 있다. 부모가 양보를 교육으로 가르쳐 아는 것보다 아이가 충분히 욕구를 충족하고 스스로 베풀 수 있는 형태가 되면 가장 좋다.

진수는 엄마와 구슬치기 놀이 중이다. 처음에 진수는 엄마보다 다섯 개 더 많은 구슬을 갖고 놀이를 시작했다. 다른 엄마였으면 공평해야 한다며 아마 똑같은 숫자로 다시 나누자 했을 것이다. 하지만 진수 엄마는 아이의 마음을 우선 그대로 수용한다. 아이는 놀이에서 이기고 기분이 매우 좋아졌다. 이때 엄마는 져서 속상한 마음을 아이에게 알려 준다. 진 사람은 기분이 좋지 않음을 알게 된 아이는 이번에는 엄마가 이길 수 있게 자신의 구슬을 양보하는 모습을 보인다.

진수: 엄마, 내가 다 땄다. 우와, 신난다.

엄마: 진짜 좋겠다. 엄마는 하나도 없어서 좀 속상하네.

진수: 그럼 이번에는 엄마가 다 따면 되지.

엄마: 그럴 수 있을까?

진수: 그럼 엄마! 내가 이번에는 엄마에게 구슬 열 개를 주고 내가 다섯 개만 할게.

엄마: 우와, 나도 해 볼 수 있을 거 같아. 힘이 난다.

진수: 그래 엄마, 엄마도 힘내! 할 수 있어.

충족감을 경험한 아이에게 진 사람의 마음이 어떻다는 것을 알려 주고, 그 해결책을 함께 찾아가는 과정에서 아이는 타인의 마음을 이해하고 도움을 주는 사회적 기술을 배우게 된다.

내 마음을 표현하는 법

아이와 놀이하는 과정에서 부모가 자신의 마음을 표현하고 이야기하는 것도 중요하다. 이를 통해 아이는 타인의 상황을 이해하고, 마음을 어떻게 표현해야 하는지도 알게 된다. 아이에게만 마음을 표현하라고 하지 말고, 부모가 먼저 자신의 마음을 아이에게 자주 얘기해 주자. 그러면 아이도 어느 순간 마음 표현을 잘하게 된다.

수호는 엄마와 칼싸움 놀이를 하다가 엄마를 칼로 다치게 했다. 그러고는 아무 말도 못 하고 얼어붙어 버렸다. 유아들은 자신이 예상하지 못한 상황을 마주하면 얼어붙는 등 어떻게 행동해야 할지 모를 때가 많다. 이때 수호 엄마는 아이에게 자신의 마음을 표현해 주었다.

> 엄마: 엄마도 깜짝 놀랐어. 이게 눈을 찌를 줄은 몰랐네. 하지만 네가 일부러 그런 게 아니라는 것을 알아. 놀다 보면 이런 일이 있을 수 있지. 엄마는 괜찮아.
>
> 수호: 다행이다.
>
> 엄마: 다음에는 엄마가 아파할 때 괜찮은지 먼저 물어봐 줘. 그리고 네가 일부러 그런 게 아니라면 그것도 알려 주면 돼.
>
> 수호: 알았어.

엄마는 자신의 마음을 표현하며 아이의 마음도 알아 주었다. 이어 이럴 땐 어떻게 행동해야 하는지까지 자연스럽게 일러 주었다.

갈등 상황에서 타협하는 법

사실 4~7세 아이들 사이에 다툼은 매우 빈번히 일어난다. 아직 사회적 기술이 부족하기에 서로 마음 상하고 다투는 일이 많을 수밖에 없다. 그렇다고 친구와 놀지 못하게 할 수는 없다. 아이들은 경험을 통해서 배워 나간다. 친구와 싸워 본 아이가 화해하는 법도 배울 수 있다. 부모와의 놀이 과정에서도 갈등 상황은 발생한다. 아이가 적절하게 타협하고 갈등을 해결하는 법을 배울 기회로 생각해 보자.

엄마와 자동차 그림을 그리며 놀던 태양이는 엄마가 자기가 원하던 대로 그림을 그려 주지 않아 울며 짜증을 냈다.

엄마: 네가 원하는 건은 지프차였는데, 엄마가 네 마음을 몰라 줘서 화가 났구나. 엄마가 네 마음을 몰라 줘서 얼마나 속상했으면 태양이가 이렇게 울까, 엄마도 미안한 마음이 드네.

태양: (계속 울먹이며) 지프차였다고.

엄마: 그래. 지프차인 줄 알았다면 그걸 그렸을 텐데. 엄마가 몰랐네.

태양: 다시 그려 줘.

엄마: 그래 태양아. 그런데 다음에는 네가 원하는 게 있다면 엄마한테 정확하게 알려 줘. 엄마도 태양이가 말하지 않으면 네 마음이 어떤지를 잘 알지 못하거든.

태양: 알겠어.

엄마: 그래. 우리가 서로 말로 알려 줘야지만 다른 사람의 생각도 알

수 있는 거지.

😊 태양: 다음에는 꼭 말해 줄게.

😊 엄마: 그래. 엄마 말을 잘 들어줘서 고마워. 다음에는 꼭 말해 줘.

아이는 마음대로 되지 않는 상황에 기분이 상했지만, 엄마가 침착하게 아이의 마음을 받아 주자 흥분했던 감정을 조금 가라앉히고 엄마를 바라볼 수 있게 되었다. 부모들은 대개 아이가 감정을 가라앉힐 때까지 기다리지 못하고 다그치는 경우가 많다. 하지만 태양이처럼 조금 기다려 주면 마음을 추스르고 엄마의 이야기를 듣는 아이들도 많다. 아직 아이기 때문에 억지를 부리고 말도 안 되는 상황에 떼를 쓰기도 한다. 이럴 때 상황을 어떻게 풀어가느냐가 매우 중요하다. 갈등을 잘 해결해 본 경험은 나중에 비슷한 상황이 왔을 때 잘 대응할 수 있는 기준이 된다.

사회성 놀이 7가지

① 땅따먹기

준비물

전지(전지 크기의 큰 종이), 병뚜껑, 색연필

놀이 방법

땅따먹기 놀이는 어릴 적 흙바닥에서 많이 했던 놀이다. 요즘은 흙바닥을 잘 찾을 수 없으니, 집에서 큰 종이를 깔고 해 보는 것이다. 먼저 바닥에 전지를 깔고, 각자 말을 정한다. 말은 음료수 병뚜껑으로 한다. 아이들이 움직이기 좋은 크기다.

병뚜껑을 전지 끝자락에 놓고, 손가락을 튕겨서 병뚜껑이 간 곳에 줄을 긋는다. 병뚜껑을 총 네 번 이동시켜서 자기 영역으로 말이 돌아와야 자기의 땅이 된다. 다음 차례에는 다른 사람이 같은 방식으로 진행한다. 땅을 가장 많이 먹는 사람이 이기는 게임이다.

(놀이 효과)

여럿이 할 수 있는 장점이 있다. 전략을 세워야 하고, 규칙을 지켜야 하며, 자기 행동을 통제해야 하기에 사회성 발달을 촉진할 수 있다.

(Tip)

• 게임을 할 때 다른 사람의 땅으로 넘어갈 수 있는데, 이때에도 네 번 안에 다른 사람 땅을 나와 내 땅으로 들어와야 그 땅을 획득할 수 있다.

• 지나치게 경쟁이 되지 않도록 한다. 특히 가족이 여러 명일 경우 편을 나누어 진행하면 더욱 재밌게 할 수 있고, 협동하고 합의하는 과정을 배울 수 있다.

❷ 점토로 함께 만들어요

준비물

여러 색깔의 점토(클레이), 사인펜

놀이 방법

만들기를 하기 전에 어떠한 주제를 가지고 할 것인지를 먼저 정한다. 동물원이나 야채 가게, 아이스크림 가게 등 각자 만들 수 있고, 그것을 가지고 전체를 구성할 수 있는 주제를 선정하는 것이 좋다. 동물원 만들기를 한다면, 엄마는 사자를 만들고 아빠는 기린을 만들고 아이는 토끼를 만드는 식이다. 울타리도 만들고, 표지판도 만들 수 있다. 각자 만들 것을 함께 구성하고 계획하는 과정을 통해 함께하는 놀이의 기쁨, 타협, 협동을 배울 수 있다.

놀이 효과

점토 만들기는 아이들의 불안을 낮추고 정서적 안정을 돕는다. 하나의 주제를 구성하면서 함께 의견을 나누고 협동하는 과정에서 사회성을 기를 수 있다.

Tip

점토는 넉넉하게 준비한다. 점토뿐 아니라, 작은 단추나 실, 색종이 등 다양한 재료를 준비해 작품에 활용해도 좋다.

③ 함께 그림을 그려요

준비물

크레파스, 4절지, 초시계

놀이 방법

하나의 주제로 가족 구성원이 함께 그림을 그리는 놀이다. 우선 순서를 정한다. 아이가 첫 번째, 엄마가 두 번째, 아빠가 세 번째로 순서를 정했다면, 이 순서대로 그림을 그린다. 각자 그림을 그리기 위해 서로 다른 색의 크레파스를 정해야 한다. 그래야 어떤 그림을 누가 그렸는지 알 수 있다.

첫 번째 그림을 그릴 때는 30초간 그린다. 두 번째 그릴 때는 20초, 세 번째 그릴 때는 10초, 네 번째 그릴 때는 5초로 시간을 점차 줄여 나가며 번갈아 그림을 그린다. 그림을 그리는 동안에는 서로 상의를 할 수 없다.

그림이 모두 완성되면 함께 그림의 제목을 정하고, 서로 그린 부분에 대해 이야기를 나눈다. 아이들은 자신의 그림에 엄마가 덧붙여 그린 것이 너무 좋았다고 말하기도 하고, 아빠가 그린 그림에 자신이 멋지게 모자를 그려 넣은 게 멋있다며 좋아하기도 한다. 정서적 상호작용 속에서 좋은 사회성 놀이가 될 수 있다.

놀이 효과

그림을 그리는 중에는 서로 이야기를 할 수 없기 때문에 서로의 그림을 보고 배려하고 이해하는 과정이 필요하다. 그리고 그림을 다 그린 후에는 각자 자신이 느꼈던 부분을 이야기하며 감정을 나누는 데 도움이 된다.

Tip

순서는 아이가 첫 번째로 하는 것이 좋다. 그래야 아이가 원하는 그림의 주제를 알 수 있기 때문이다. 단, 아이가 처음에 하는 것을 힘들어하거나 어려워할 때는 부모가 먼저 시범을 보여 준다. 놀이에 익숙해지게 되면 아이가 첫 번째 순서로 진행할 수 있도록 해 준다.

❹ 함께 풍선을 옮겨요

준비물

풍선, 제비뽑기 통, 작은 종이, 펜

게임을 시작하기 전에 미리 제비뽑기를 할 수 있는 작은 통이나 상자를 하나 마련한다. 작은 메모지에 신체 일부의 명칭을 하나씩 적은 뒤 접어서 상자에 넣는다. 신체 일부의 명칭은 '배', '등', '엉덩이', '머리', '어깨', '팔꿈치', '옆구리' 등이 될 수 있다. 이때 손과 발, 팔과 다리는 제외하는 것이 좋다. 출발선과 결승선을 만들고, 결승선에는 빨래통 같은 큰 통이나 큰 바구니를 놓아둔다.

엄마와 아이가 준비되면, 엄마는 제비뽑기 통에서 아까 마련해둔 메모지를 하나 뽑고, 아이도 하나 뽑는다. 만약 엄마가 '배'가 나오고, 아이도 '배'가 나왔다면, 아이의 배와 엄마의 배 사이에 풍선을 놓고 손은 뒷짐을 진 채 풍선을 그 사이에 끼고 떨어뜨리지 않고 결승선까지 호흡을 맞추어 옮긴다. 여기서 엄마가 '엉덩이'가 나오고, 아이는 '얼굴'이 나올 수도 있다. 그러면 엄마 엉덩이와 아동의 얼굴 사이에 풍선을 끼고 결승선까지 달려간다.

놀이 효과

서로 협동해야 풍선을 옮길 수 있는데, 어떤 전략이 적절한지 서로 합의하는 과정을 통해 사회적 기술을 향상시킬 수 있다.

Tip

• 아이가 한 명인 경우에는 엄마 아빠 모두 다 할 수 있도록

진행한다. 아이가 두 명 이상인 경우는 편을 나누어 진행할 수 있다.

• 메모에 적는 신체 명칭은 아이의 연령에 따라 아이가 활용할 수 있는 신체 부분을 적는 것이 좋다.

⑤ 우리 집에 왜 왔니?

(준비물)

없음

(놀이 방법)

'우리 집에 왜 왔니?' 놀이는 전통 놀이 중 하나로, 아이들과 부모님이 함께하기 매우 재미있는 놀이다. 이 놀이를 할 때 부모님은 서로 다른 편이 되는 것이 좋다. 두 팀으로 나누어 같은 팀끼리 손을 잡고 상대 팀과 마주 보고 선다. 공격할 팀을 먼저 결정한다. 수비팀이 "우리 집에 왜 왔니, 왜 왔니, 왜 왔니?" 노래를 부르며 모두 앞으로 나아간다. 이때 공격팀은 뒤로 물러난다. 이어서 공격팀이 "꽃 찾으러 왔단다, 왔단다, 왔단다." 하며 앞으로 나아가면 수비팀이 뒤로 물러난다. 수비팀이 앞으로 나아가면서 "무슨 꽃을 찾으러 왔느냐, 왔느냐"라고 노래하면, 공격팀은 수비팀에 있는 사람의 이름을 노랫가락에 넣어 "○○꽃을 찾으러 왔단다, 왔단다." 하고 부른다. 공격팀과 수비팀에 이름이 불려진 사람은 가위바위보를 하여 진 사람이 이긴 편으로 간다. 이어서 처음과 같은 방법으로 이긴 팀이 먼저 "우리 집에 왜 왔니, 왜 왔니, 왜 왔니?"하며 놀이를 계속한다. 한쪽이 없어지거나 인원이 적은 팀이 지게 된다.

(놀이 효과)

서로 마주 보며 정서적 교감을 할 수 있다. 같은 팀이 되었다가 다른 팀이 되기도 하고, 자신이 원하는 사람을 데려오기 위해 애쓰기도 하는 과정을 함께 하며 사회성이 길러진다.

(Tip)

서로 골고루 이름이 불려지도록 하는 것이 좋다. 엄마가 불러서 다른 팀이 되기도 하고, 아이가 불러서 다시 원래 팀으로 오기도 하면서 긴장감을 해소할 수 있다. 서로가 붙었다가 떨어지는 경험을 할 수 있다.

⑥ 함께 종이컵을 가지고 놀아요

준비물

종이컵 여러 개, 색종이, 펜

놀이 방법

종이컵을 가지고 활동 두 가지를 섞어서 놀이할 수 있다. 우선 아이의 연령에 맞게 쌓기 놀이를 할 수 있다. 4~5세 어린아이의 경우 위로 10층 쌓기를 해 볼 수 있고, 연령이 6~7세라면 주제를 주고 만들기를 할 수 있다. 예를 들어 터널, 아파트를 만들거나, 종이컵을 눕혀 뱀 만들기도 가능하다.

가족이 하나의 구성품을 다 같이 만들 수도 있고, 각자의 작품을 만들어 서로 뽐낼 수도 있다. 아이들은 종이컵으로 팽이를 만들기도 하고, 꽃을 만들기도 하고, 팔찌를 만들기도 한다. 다양한 작품을 함께 만들면서 서로의 작품을 소개하고 느낌을 나눌 수 있다.

놀이 효과

함께 논의하는 과정에서 의사소통을 할 수 있으며, 협동하고 생각을 나눔으로써 사회성이 길러진다.

무언가를 완성해야 한다는 생각 때문에 놀이 과정에서 느끼는 즐거움이 줄어들어서는 안 된다. 종이컵이기 때문에 쌓다가 잘 떨어지기도 하고 부서질 수도 있다. 이때 아이들의 마음을 잘 살펴주고, 실망하거나 포기하려는 아이의 마음을 잘 다독여 주는 과정이 매우 중요하다.

❼ 미니 운동회

준비물

운동화, 운동복, 공, 리본 끈, 줄넘기 등

놀이 방법

주말에 아이와 어디에 갈지 고민하지 말고, 작은 운동회를 열어 보자. 제자리 멀리뛰기, 달려서 멀리뛰기, 줄넘기, 공 튀기기, 공 잡기, 바구니에 공 넣기 등 종목은 다양하다. 이 중에서 아이가 할 수 있는 종목 세 가지를 정한다. 그리고 기준은 가족 구성원 각자 달리 정한다. 예를 들어 제자리 멀리뛰기를 정했다면, 아빠는 제자리 멀리뛰기 2m가 목표가 될 수 있고, 아이는 1m가 목표가 될 수 있다. 모두 자신의 목표를 달성해야 다음 미션으로 넘어갈 수 있다. 철인 3종 경기처럼 세 가지를 모두 완료한 시간을 잰다. 가장 빨리한 사람이 이기는 게임이다.

(놀이 효과)

신체를 활용한 놀이는 집중력 향상에 도움이 된다. 자신이 정한 목표를 달성한다는 점에서 자존감과 사회성을 키우기 좋다.

(Tip)

아이가 할 수 있는 종목으로 정한다. 아이가 줄넘기를 못 하는데 경기에 넣게 되면 아이는 흥미가 떨어질 수 있다. 아이가 할수 있는 범위 안에서 종목의 난이도를 잘 설정하여 정한다.

Chapter 5

창의력을 키우는
진짜 놀이

창의력이 부족한
아이의 놀이

아이들은 어른들이 생각하는 것보다 훨씬 똑똑하다. 유명한 인지 심리학자인 엘리슨 고프닉^{Alison Gopnik}은 《요람 속의 과학자》라는 책에서 어린아이들은 컴퓨터와 비교할 수 없을 정도로 정교한 프로그램을 지니고 있다고 말한다. 이 프로그램을 통해 아이들은 부모와 타인을 관찰하고, 어떤 생각을 하는지 파악하고, 행동을 모방한다. 언어의 소리를 구별하고, 생각을 구성하고, 상황을 예측하고, 결과를 이끌어내기도 한다. 이 과정은 흡사 과학자 같다. 하지만 어른들은 여전히 아이들의 능력을 과소평가한다. '우리 아이는 공부는 잘하는데 창의성이 부족해요.', '우리 아이는 생각하는 능력이 좀 부족한 거 같아요.' 이렇게 단정 지어 말한다. 사실 창의성은 비범한 사람만이 가지는 특정한 능력이 아니다. 아무것도 없는 상태에서 완전히 새로운 것을 만들어 내는 것만이 창의적인 것은 아니다. 창의적인 사람은 여기저기 흩어져 있는 생각을 잘 연결한다. 연결을 통해 사고를 확장하고, 이 과정을 통해 더 창의적인 발상을 드러내는 것이다. 이때 놀이는 창의적 사고를 확장할 수 있는 아주 중요한 매개가 된다.

놀이가 창의력을 확장한다

아이들에게 다양한 크기의 돌멩이를 주고 놀이를 제안하면, 모든 아이가 각기 다른 놀이를 하는 것을 볼 수 있다. 땅따먹기를 하기도 하고, 구슬치기 하듯 놀기도 하며, 높이 쌓아 탑을 만들거나, 돌을 하나의 생명처럼 여기며 전쟁 놀이를 하기도 한다. 그저 놀이 상황만 만들어 주었을 뿐인데도 아이들은 창의적인 발상을 하며 논다.

창의력이 부족한 아이들은 대체로 생각하지 않으려는 아이들이다. 상담 현장에서도 이런 아이들을 가끔 만난다. 대부분 과도한 학습 요구에 시달려 무언가를 스스로 도전하고 성취한 경험이 부족한 아이들이다. 이런 아이들은 무력감을 느끼는 경우가 많다. 늘 부모가 제공하는 학습 경험만 하다 보니 목적 없는 활동에 불안을 느끼고 즐거움을 얻지 못한다. 이런 아이들은 놀이 상황을 만들어 줘도 다양한 방식으로 놀이를 이어가기 어려워한다.

놀면서도 새로운 방식이 떠오르면 언제든 변형될 수 있는 것이 놀이다. 창의력이 높은 아이들은 정해진 놀이 방식에 국한하지 않고 다양한 방식으로 논다. 상담하며 만난 한 아이가 있었다. 이 아이는 장난감을 그대로 가지고 놀지 않았다. 보통 기차 레일을 만들고 기차를 움직이는 놀이를 할 때 아이들은 바닥에 기차 레일을 둥글게 만들거나 구불구불하게 만들고 논다. 하지만 이 아이는 장난감을 그대로 가지고 놀지 않았다. "선생님 기차가 하늘에 오를 수도 있고 점프를 할 수 있으면 진짜 좋겠죠?"라고 이야기하고는 바닥뿐 아니라, 종이 벽돌을 높게 쌓은 뒤 그 위에 레일을 만들어 기차가 위로도 올라갈 수 있게 만들었다. 기찻길의 한쪽이 끊어져 있어 내가 "○○아, 그런데 여기 길이 끊어져 있어서 어떡해?"라고 묻자, 아이는 아주 천진하게 "거기는 순간 이동할 수 있는 곳이라 그곳에 도착하면 다시 여기에 오는 거예요."라고 답했다. 기찻길이 끊어진 게 아니라 순간 이동 공간의 입구에 도착했다는 설명이었다. 정말 생각지도 못한 발상이었다. 이렇듯 놀이는 불가능한 현실을 가능하게 만드는 훌륭한 도구가 된다.

요즘은 세계 굴지의 회사들이 놀이터 같은 일터를 표방하는 모습을 흔히 볼 수 있다. 세계적인 기업 '레고'에는 직원들을 위한 놀이 공간이 마련되어 있다. 놀이하는 동안 생기는 창의적인 생각이 장난감을 만들어 내는 창발성(創發性)의 원천이 된다는 것이다. 구글, 월트 디즈니, 페이스북, 네이버, 현대카드 같은 회사도 일터와 놀이터의 경계를 허문 사내 환경 구성에 적극적인 기업으로 알려져 있다. 새로운 것에 호기심을 갖고 도전해야 다양한 각도로 생각할 수 있고, 자유로움을 충분히 느껴야 창의적인 아이디어가 나올 수 있다. 놀이 환경과 놀이 과정을 일터 안에 재현하는 것은 기업이 창의성을 끌어내기 위한 하나의 방편인 셈이다.

창의력을 발휘하도록 돕는 방법

창의력이 부족한 아이들은 놀이에서도 늘 정해진 기준이나 설명서만을 따르려고 한다. 부모 역시도 그렇게 이야기하는 경우를 많이 본다. 매뉴얼을 따라서 규칙을 잘 지키고, 제시한 것을 따르는 것이 정답이라고 생각하기 때문이다. 정답을 따르는 놀이는 다른 생각을 할 필요가 없게 만든다. 물론 규칙을 지키고 정해진 방법을 따르는 것이 꼭 나쁜 것만은 아니다. 하지만 규칙과 기준에 지나치게 얽매이면 유연성을 발휘하기가 어려워진다. 창의적인 발상에 접근 자체가 안 되는 것이다.

이나는 여섯 살 여자아이로, 늘 규칙이 중요하고 무엇이든 정해진 방법을 알아야 할 수 있다고 생각하는 아이였다. 이나는 엄마

와 함께 젠가 게임을 앞에 두고서도 제한 시간을 잴 수 있는 모래
시계가 없다며 놀이를 포기했다. 모래시계가 있어야 이 게임을 할
수 있다고 생각하니, 게임을 시작조차 할 수 없게 된 것이다.

만약 이나처럼 아이가 게임을 규칙 그대로만 하고 싶어하는 성
향이라면, 놀이 안에서 변화를 유연하게 받아들이도록 부모가 도
울 수 있다. 아이에게 결정권을 주되, 새로운 방식으로 할 수 있는
열린 길을 만들어 주는 것이다. 아이가 놀이 안에서 창의력을 발
휘하도록 돕는 다음 대화를 살펴보자.

> 이나: (젠가 놀이를 꺼내 온다) 이거 해 본 거다.
>
> 엄마: 그래. 우리 집에 있는 거와 똑같은 거야.
>
> 이나: 이거 쌓아서 하는 거야. 그런 다음 빼는 거 맞지?
>
> 엄마: 그렇게 해 봤었지. 하지만 방법은 네가 새로 정할 수도 있지.
>
> 이나: 그래도 돼?
>
> 엄마: 그럼. 놀이는 네가 원하는 대로 하면서 즐겁게 하는 게 중요한
> 거잖아.
>
> 이나: 그래도 원래 규칙대로 하고 싶은데….
>
> 엄마: 네가 그걸 원하면 그렇게 해 볼 수 있겠네.
>
> 이나: 근데 이거 원래 규칙은 모래시계 있어야 하는데. 없으니까 그
> 냥 빼고 할까?
>
> 엄마: 네가 정할 수 있지. 모래시계가 없어도 할 방법이 있지 않

을까?

이나: 어떤 방법이? (생각한다)

엄마: 방법을 찾아보려고 계속 생각하는구나. 어떤 방법이 나올지 궁금하네.

이나: 시간 하지 말고 그냥 하는 건?

엄마: 음. 그것도 방법이겠다.

이나: 그렇게 해도 되겠지?

엄마: 네가 해 보고 싶다면 해 보면 되지. 새로운 방법이니까.

이나: 새로운 방법으로 해 보자.

엄마: 이나가 새로운 방법을 찾아냈구나.

원래 규칙대로라면 모래시계가 필요하지만, 아이는 그것 없이 해 보는 다른 방법을 찾아냈다. 다른 생각을 할 수 있게 만드는 것. 이것이 바로 놀이가 가지는 창의적인 힘이다. 아주 작은 변화인 것 같지만, 이러한 변화가 쌓여서 아이는 '기준을 벗어나도 괜찮구나', '다른 방법으로도 할 수 있구나'라는 생각을 갖게 되고, 이러한 변화는 다른 일에서도 창의성을 발휘하게 한다. 일부 부모 중에는 아이의 창의력을 키워 준다고 부모가 대신 새로운 방법을 제안하기도 하는데, 이는 금물이다. 그러면 그 순간 아이가 창의력을 발휘할 수 있는 환경은 무너진다.

모래시계가 없어서 게임을 시작조차 하지 못했던 이나는 점차 자신의 생각을 확장하면서 창의적인 놀이의 발전을 보여 주었다.

창의성은 제한된 사고 안에서는 발달하지 않는다. 열린 사고를 할 수 있도록 다양한 생각을 수용하고, 원한다면 해 보고, 실패하더라도 이를 통해 자신이 원하는 방향을 잡아 가는 것이 중요하다. 그런 과정 모두가 창의적인 생각의 원천이 된다.

창의력 놀이에서
부모가 알아야 할 것들

4~7세 유아기에 접하는 다양한 경험은 아이들의 창의적 사고의 원천이 된다. 아이들은 일상생활에서 접하는 다양한 경험을 통해 지식을 습득해 나가고, 이러한 경험을 연결 지으며 창의력의 싹을 틔운다. 4~7세 아이들에게 구체적이고 직접적인 경험이 중요한 이유이다.

창의력은 경험을 통해 자란다

슈퍼 마리오를 창조한 게임 디자이너 미야모토 시게루는 자신의 창의력 비결로 어린 시절에 경험한 '모험'을 꼽았다. 동네 뒷산에서 뛰어놀다가 우연히 동굴을 발견한 일, 공터에서 놀면서 밖으로 드러나 있던 배관을 본 일에 상상을 더해 게임 캐릭터 마리오가 탄생했다는 것이다. 실제로 창의력은 어느 날 갑자기 발현되는 것이 아니다. 다양한 경험이 지식이 되어 쌓이고, 이렇게 축적된 지식을 바탕으로 새로운 사고 작용이 일어나며 생긴다.

언젠가 TV 프로그램을 보는데, 한 개그우먼이 나와 손님들에게 음식을 대접하며 선보인 특이한 냄비가 눈길을 끌었다. 주전자와 냄비가 합쳐진 냄비로, 짜장 라면을 끓이는 용도라고 했다. 짜장 라면을 끓이고 물을 버릴 때 일부 면발이 싱크대로 같이 떨어지곤 하는데, 그걸 막을 수 있도록 고안된 냄비였다. 신선하고 놀라웠다. 이런 번뜩이는 제품은 어떻게 생겨날 수 있었을까? 이 냄비를 만든 사람도 아마 짜장 라면을 끓일 때 물을 버리면서 면발이 싱크대에 떨어지는 경험을 했을 것이다. 그런 경험이 없이는 제품에 대한 창의적 발상이 생겨날 수 없으리라 생각한다. 주전자와 냄비의 결합이라는 점도 흥미롭다. 창의력은 평소 어떤 문제를 하나의 측면만이 아닌 여러 측면에서 바라보고, 서로 상관없어 보이는 것들을 연결하는 과정에서 발현된다. 실제로 우리 뇌는 각 부분마다 담당하는 역할이 있는데, 이 중 창의력을 담당하는 부위는 따로 없다고 한다. 그 이유는 바로 창의적 사고는 뇌의 한 부분만이 아니라 뇌 전체가 활성화될 때 생겨나기 때문이다.

상상 놀이가 창의력을 발달시킨다

아이들의 창의력을 자극하는 또 하나의 놀이가 있다. 바로 4~7세 아이들이 즐겨하는 상상 놀이다. 상상 놀이란 아이들이 상상 속에서 엄마 아빠의 역할을 하거나, 왕자와 공주, 또는 전쟁 영웅 같은 주인공이 되어 이야기를 만들어 가는 놀이다. 아이들은 사고의 과정을 거치고 정서적으로 공감하며 가상의 이야기를 스스로 만들어 낸다. 상상 놀이는 아이들의 인지적 사고 과정부터 정서적 호응 과정까지를 모두 아우르며 아이들을 자극한다. 이 중에서도 가장 중요한 인지적 과정으로, 확산적 사고가 있다. 이는 다양한 생각과 연상을 창출해 내는 능력으로, 창의력 발달에 있어 가장 중요한 지적 능력이다. 아이들은 상상 놀이를 통해 이러한 확산적 사고를 계속 연습하게 된다.

좀 더 쉽게 설명하기 위해 예를 들어 보자. 전쟁 놀이를 하는 아이가 상대편 요새를 부수려고 한다. 그런데 요새가 모두 커다란 대문으로 막혀 있다. 아이는 이 요새를 부수기 위해 확산적 사고로 방법을 생각해 낸다. 첫 번째로 생각한 아이디어는 엄청난 괴물이 갑자기 나타나 문을 부수는 것이다. 두 번째로는 문의 빈틈이 어디 있는지를 노려 그 부분을 공략하는 것이다. 세 번째는 모두 불에 태워 요새를 부수는 방법이다. 여러 다양한 생각을 통해 요새를 부술 방법을 하나씩 찾아내는 것, 이것이 확산적 사고다.

하지만 창의력은 확산적 사고로 완성되지 않는다. 수렴적 사고가 그 뒤를 이어야 한다. 떠올린 아이디어를 사용이 가능한 구체적인 것으로 발전시켜야 하기 때문이다. 예를 들어, 요새를 부술 세 가지 방법 중에 어떤 방법이 가장 좋은지 생각하고, 이후 스토리 전개에 적절한 방법을 찾아내야 하는데, 이것이 바로 수렴적 사고다. 이러한 과정을 통해 아이는 논리적으로 분석하고 추론하고 평가하는 종합적인 사고를 하게 된다.

아이들의 상상 놀이는 확산적 사고와 수렴적 사고가 번갈아 함께 작동하는 과정이라고 볼 수 있다. 상상의 경험을 통해 사고를 확장하고, 확장된 사고를 구체화하며, 아이디어를 발전시켜 문제를 해결하는 총제적인 과정을 경험하는 것이다.

창의력은 특별한 아이들에게만 발현되는 것이 아니다

최근 상담 중인 초등학교 1학년 남자아이가 있다. 이 아이는 만날 때마다 뛰어난 창의력을 보여 주어 나를 놀라게 한다. 놀이 시간마다 상상 놀이를 하는데, 매번 자신이 역할을 선정하고 그 역할마다 성격을 부여해 각기 다른 목소리를 내며 실감 나게 연기를 해내는 것이다. 어떤 날은 뽀로로와 친구들이 등장하고, 어떤 날은 스파이더맨이 등장하고, 또 어떤 날은 그 주인공들이 모두 등장하여 다른 이야기가 펼쳐진다. 그러다 끝날 시간이 거의 다 되어 가면, "오늘은 여기까지. 다음 이야기!" 하면서 예고편까지 들려주고 퇴실한다. 이 아이와 놀이를 하다 보면 어떤 날은 영화 한 편을 본 것 같은 기분이 들 때도 있다. 다음 주에는 아이가 또 어떤 이야기를 들려줄지, 이야기는 또 어떻게 변주될지 기대하며 그 시간을 기다리게 된다.

사실 창의성은 특별한 사람에게만 발현되는 것이 아니다. 새로운 시도나 놀이 경험에서 잠재되어 있던 창의성이 깨어나기도 하고, 무수히 많은 아이디어를 끊임없이 내는 과정에서 창의적인 생각과 영감이 발현되기도 한다. 역사적인 발명이나 작품은 그런 식으로 탄생했다.

아이가 보여주듯이 놀이라는 판타지 안에서는 매일매일 무궁무진한 이야기가 가능하다. 그러니 놀이하는 아이야말로 가장 창의적인 존재라 할 수 있다.

창의력 놀이 7가지

---

① 인형극을 만들어 보아요

준비물

나무젓가락, 종이, 손인형 등

놀이 방법

인형극 만들기는 다양한 방법으로 할 수 있다. 실제 인형극처럼 만들기 위해 인형극을 위한 화면을 크게 만들거나 작은 박스를 이용해 화면을 만들고 그 안에서 인형극을 구성해 볼 수도 있다.

대본을 만드는 놀이부터 해볼 수도 있다. 이때는 기존 이야기를 가지고 만들거나, 기존 이야기 결말 이후에 이야기를 가족들이 상상하여 만들어 본 후 인형극 내용을 다시 구성할 수도 있다. 이런 과정이 어렵게 느껴질 때는 인터넷에 올라와 있는 어린이 연극 대본 같은 것을 활용해서 만들어도 무방하다.

대본이 만들어졌다면 등장인물이 필요한데, 이때 손 인형이나 집에 있는 인형을 활용할 수도 있고, 없다면 그림을 직접 그리고 채색한 뒤 오려서 나무젓가락에 붙여 활용할 수도 있다. 아이가 어릴수록 등장인물이 많지 않은 것이 좋다. 아이에게 자신이 원하는 배역을 맡도록 하고, 대본을 보고 인형을 움직이면서 대사를 하면 된다.

(놀이 효과)

만드는 과정을 모두 함께하기에 창의적인 생각이 떠오를 수 있으며, 이러한 생각을 실제 적용하며 성취 경험을 만들 수 있다.

(Tip)

인형극을 핸드폰 영상으로 찍으면 아이들의 흥미를 더욱 유발할 수 있다. 영상을 제작할 때는 배경 음악을 만들어서 삽입하거나 조명도 활용할 수 있다. 영상을 만드는 과정 안에서도 좋은 아이디어가 나올 수 있으므로, 의견을 나누며 함께 구현해 나간다.

❷ 상자 속 물건 보지 않고 알아맞히기

준비물

작은 상자(약30×40cm), 다양한 물건

놀이 방법

상자 안에 물건을 넣고 손으로 만져 맞히는 놀이다. 상자에 들어갈 물건으로는 주로 아이가 잘 사용하거나 자주 본 물건이 좋다. 지우개, 연필, 숟가락, 작은 인형, 핸드폰, 빗, 칫솔, 화장품, 과일이나 채소 등 상자에 들어갈 만한 크기 중 한 가지를 넣는다.

상자를 닫은 후 상자 윗부분에 주먹이 들어갈 수 있도록 작은 구멍을 뚫는다. 아이가 작은 구멍에 손을 넣고 상자 속 물건을 만져 본 뒤 그것이 무엇인지 유추한다. 연필이라고 대답했다면 그렇게 생각한 이유도 이야기 나눠 본다.

정답이라고 생각될 때 상자에서 물건을 꺼내 자신이 생각한 것과 맞는지 확인한다.

놀이 효과

시각적 자극이 배제된 채 촉각만을 가지고 파악하기에 감각을 집중적으로 느낄 수 있으며, 다양하고 창의적인 사고를 할 수 있도록 돕는다.

시각적인 자극이 없기에 불안감이 높은 아이들은 시도하기를 꺼릴 수도 있다. 이때 아이가 무서워하거나 두려워하는 부분을 충분히 공감하면서 어떤 부분이 불안하거나 긴장되는지 이야기해 보고, 만약에 살아있는 것이 있을까 걱정된다고 한다면 그런 것은 넣지 않는다고 안심시켜 준다.

③ 모래를 가지고 놀아요

준비물

모래

놀이 방법

흙이나 모래는 창의적인 놀잇감이다. 고정된 놀잇감이 아니기에 놀이 또한 무궁무진하게 다양한 방식으로 할 수 있다.

학교 운동장 등 흙이 있는 곳에서 놀아도 좋고, 바닷가에 놀러 간다면 바닷가 모래사장에서 충분히 모래를 만지며 놀도록 해 준다. 특히 모래사장에서는 모래성을 만들 수도 있고, 파도가 쓸고 가기 전에 글씨 쓰는 놀이도 할 수 있다. 아이와 주저앉아서 오줌싸개 놀이를 해도 좋다. 요즘은 아이들의 감각 발달용으로 시중에 모래를 판매하기도 하니, 이를 구매해 집에서 아이들과 수시로 모래놀이를 해도 좋다.

모래는 손으로 만지는 감각만으로도 신체적 안정감을 증가시킨다. 또한 흙 놀이는 정해진 놀이가 아니기에 다양한 놀이의 변형이 가능하고 창의력을 발달시키는 데 도움이 된다.

시중에 판매하는 모래 중 물을 넣지 않아도 뭉쳐지는 모래나 다양한 색의 모래도 있다. 선호하는 것으로 활용 가능하다.

---

④ 연상되는 그림을 그려 보아요

스케치북

한 사람이 세모 그림을 그렸다면, 그것을 가지고 다른 사람이 연상되는 다른 그림을 그리는 것이다. 엄마의 세모 그림에 아이가 크리스마스트리를 연상해 그리거나, 엄마가 그린 동그라미에 아이가 해를 연상해 그리는 방식으로 놀이를 진행하면 된다. 정답이 없기에 아이가 하나의 모티브를 가지고 연상되는 다양한 그림을 그리며 놀 수 있다.

(놀이 효과)

획일화된 생각에서 벗어나 창의적인 생각을 할 수 있게 한다.

(Tip)

• 연상되는 것이 여러 개 있는 경우, 아이가 더욱 확장해서 더 그려 볼 수 있게 한다.
• 원만 가지고 연상되는 것을 모두 그려 보게 하거나, 나선만 가지고 연상되는 것을 모두 그려 보게 하는 방법도 있다.

5 노래 가사를 만들어 보아요

(준비물)

노래 가사

아이가 좋아하는 노래의 가사를 바꿔 부르는 놀이다. 어떤 노래든 상관없다. 아이가 좋아하는 노래가 〈곰 세 마리〉라면 그 노래의 가사를 바꿔 보는 것이다.

다음 예시는 예전에 상담을 진행했던 삼 남매의 막내가 만들었던 노래 가사다.

예시 돼지 세 마리

돼지 세 마리가 한 집이 있어,
형 돼지, 누나 돼지, 아기 돼지
형 돼지는 컴퓨터 왕
누나 돼지는 노래 왕
아기 돼지는 애교 왕
돼지 삼 남매 꿀꿀꿀

이와 같이 가족이 함께 자주 부르는 노래를 우리 가족과 관련된 내용으로 개사를 해 볼 수도 있고, 아이의 관심사를 구체적으로 만들어 노래로 만들 수도 있다.

놀이 효과

기존에 만들어진 노래를 가지고 자신이 원하는 방식으로 변형해 보는 활동으로 창의적인 사고 발달에 도움이 된다.

• 너무 긴 노래를 개사하려면 아이들이 힘들어하거나 재미없어 할 수 있다. 쉽고 재밌는 노래를 가지고 일상에서 경험한 내용을 섞어서 노래로 만든다.

• 아이와 관련된 주제의 노래라면 아이 이름을 넣어 '○○송'으로 제목을 붙여도 아이들이 매우 좋아한다.

❻ 재활용품을 가지고 만들어요

준비물

다양한 재활용품(페트병, 뚜껑, 고무줄, 일회용 커피컵, 스티로폼, 종이 등)

놀이 방법

다양한 재활용품을 가지고 새로운 뭔가를 만들어 보는 놀이다. 주말처럼 시간이 많은 날, 일주일간 모아 두었던 재활용품 중 깨끗한 것들을 골라 뭔가를 만들어 보는 것이다. 박스와 병뚜껑을 바퀴로 만들어 장난감 자동차를 만들 수도 있고, 페트병과 일회용 배달 용기를 활용해 멋진 식탁을 차릴 수도 있다. 다양한 소리가 나는 북이나 마라카스와 같은 악기도 만들 수 있으며, 병과 종이를 이용하여 로봇이나 공룡 만들기도 가능하다.

재료 자체가 정해져 있지 않으니 다양한 생각을 확장할 수 있어 재밌다. 아이들이 상상의 나래를 펼칠 수 있어 창의성 발달에 유용하다.

Tip

• 패트병이나 일회용기의 모서리 부분이 날카로울 수 있으므로 잘 살펴본 후 아이들에게 제공한다.

• 어떤 아이들은 나사를 사용하여 고정하길 원하거나, 글루건이나 본드 같은 도구를 사용하고 싶어 할 수 있다. 이때는 부모가 옆에서 아이들이 안전하게 사용할 수 있도록 도와준다.

❼ 보물찾기

준비물

보물 쪽지, 보물 지도

놀이 방법

놀이를 시작하기 전에 준비 사항이 있다. 만약 집에서 이 놀이를 한다면 먼저 다 같이 집 지도를 그린다. 방이나 주방, 화장실의 구조와 주요 물건이 놓여있는 위치를 토대로 아이와 함께 보물찾기를 할 공간 지도를 만드는 것이다. 그리고 보물이 되는 작은 종이 조각을 몇 개 만든다. 이런 보물쪽지는 보통 다섯 개에서 열 개 사이면 충분하다.

아이는 보물을 숨기고 지도에 힌트를 남긴다. 보물을 숨긴 곳과 똑같이 지도에 표시를 해 두어 좀 더 쉽게 보물을 찾도록 하는 것이다. 예를 들어, 보물을 숨긴 곳이 화장실이면 작은 별 스티커 같은 것을 이용해 지도 속 화장실 위치에 표시해 두면 된다.

실제 보물찾기를 해 보면 아이들은 시야가 좁아 잘 찾지 못하고 흥미를 잃어버리는 경우가 많다. 이렇게 보물 지도를 만들어서 보물을 숨긴 장소에 대해 힌트를 주면, 아이는 더욱 집중해서 그 주변을 살펴보는 노력을 하게 된다.

(놀이 효과)

보물을 숨기거나 찾기 위해서는 다양한 방식을 생각해야 하고 시야를 확장해야 한다. 때문에 집중력과 창의력을 키워줄 수 있다.

(Tip)

아이의 연령에 따라 스티커는 사용할 수도 있고 하지 않을 수도 있다. 4~5세의 경우는 침대, 냉장고, 책상 등 범위를 좁혀서 사용하는 것이 좋다. 6~7세의 경우에는 방이나 베란다 등 공간에만 표시한다.

Chapter 6

즐거움을 주는
진짜 놀이

유희가 부족한
아이의 놀이

아이 주도 놀이의 여러 장점을 열거했지만, 사실 놀이는 무엇을 위해서 하는 것은 아니다. 그저 재밌고 즐겁기에 하는 것이다. 내면에 자발적으로 놀이하고자 하는 마음이 생겨 놀이하는 것이고, 누가 시켜서 하는 것이 아니기에 지치지 않고 할 수 있는 것이다.

아이들은 놀이하면서 자주 시간을 잊어버린다. 놀이치료를 받는 아이들에게 "이제 갈 시간이네."라고 얘기해 주면 대부분 "벌써요. 시간 정말 맞아요?"라고 되묻는다. 놀이하는 시간이 너무도 빨리 흘러가 버린다고 느끼는 것이다. 이것은 자의식이 줄어들기 때문이기도 하다. 이 시간만큼은 자신의 한계나 타인의 평가에 대해 생각하거나 걱정하지 않고, 그저 놀이가 재미있고 즐거워서 계속하기를 원하고 다시 하기를 바라는 것이다.

재미있고 즐거워서 계속하는 놀이

실제로 놀이가 우리의 몸과 마음에 주는 긍정적인 영향은 다
양한 연구에서 증명되고 있다. 놀이할 때 우리 뇌에서는 도파민,
엔도르핀, 옥시토신, 세로토닌 같은 행복 호르몬이 나온다고 한
다. 이 신경전달물질은 긍정적인 정서를 만들어 내고, 이는 심리적
인 어려움이 닥쳤을 때 회복탄력성을 증가시키며, 정서적인 행복
감을 느끼도록 돕는다. 또한 문제해결력이나 대인 관계 능력에도
영향을 준다.

그럼에도 놀이에서 재미를 느끼지 못하는 아이들도 있다. 놀이
는 즐거움이라는 요소가 반드시 따라오게 되어 있는데, 놀이에서
즐거움을 느끼지 못하는 아이들은 도대체 왜 그런 것일까? 이 아
이들은 놀이다운 놀이를 해 본 적이 없기 때문이다.

앞서 언급했듯이 진짜 놀이에는 세 가지 요소가 필요하다. 자
발성, 무목적성, 주도성이다. 이러한 요소가 어우러진 진짜 놀이를
해 본 적이 없는 아이에게 놀이는 재미있는 활동이 아니다. 예를
들어 놀이를 학습으로만 이용하는 환경에 놓이거나, 부모가 주로
놀이를 지시하거나 놀이의 변형을 허용하지 않고, 놀이 상황에 제

한이 너무 많은 경험을 한 아이들은 놀이에서 즐거움을 얻지 못하는 경우가 많다. 진짜 놀이가 아닌 가짜 놀이를 하니 놀이가 가진 진정한 힘이 발휘되지 못한 것이다.

예전에 상담했던 아이 중 수호라는 아이는 특이하게도 아빠가 놀이에 매우 적극적이던 분이라 기억에 남는다. 수호 아빠는 아이와 놀아 주기 위해 매주 놀이 목록을 계획하고, 아이의 친구까지 불러 함께 놀이를 해 주기도 했다. 아빠가 아이를 위해 얼마나 애쓰고 있는지 눈에 보일 정도였다. 그런데 왜 상담소를 찾은 것일까? 이렇게 잘 놀아 주는 아빠랑 지낸다면 아이는 하루하루가 너무 즐거울 텐데 말이다. 아빠는 수호가 놀이에 시큰둥한 모습이라고 이야기했다. 아빠는 매주 새로운 놀이를 알려 주기 위해 놀이 관련된 연구나 논문까지 읽고, 인지적·정서적 발달에 모두 도움이 되는 프로그램을 구성하며 애썼는데, 아이는 매번 하고 싶은 놀이가 정해져 있고 새로운 놀이에 별 흥미를 느끼지 못했다. 아빠가 함께 놀이하면 아이의 친구들은 신나있는데, 막상 아이는 무리에서 쏙 빠져 혼자 다른 곳에 가 있는 경우가 많다고 했다. 다음은 상담실에서 수호와 아빠의 놀이 장면이다.

> 아빠 : 우와 자동차 진짜 많다. 우리 경주할까?
> 수호 : (다른 놀잇감들을 관찰함)
> 아빠 : 진짜 재밌겠다. 이거 팽이도 있는데, 팽이 싸움 어때?

수호 : (팽이 싸움에 관심을 보임) 그건 뭐지?

아빠 : 이거 돌려서 싸우는 거 같은데. 해 보자! 너 검은색 좋아하니까 검은색 여기 있어.

수호 : 이렇게 하는 건가? (조심스럽게 만져보고 살펴본다)

아빠 : 아니, 아니. 여기에 껴서 하면 돼. 해 봐.

수호 : 아하.

아빠 : 자, 시작한다. 난 돌렸어. 너도 해야지.

수호 : 난 잘 못하겠는데…. 다른 거 뭐 있나 볼래.

아빠 : 이거 하기로 했는데 왜 그래? 한번 해 보고 다른 거 하자.

수호 : 그냥 시시할 거 같은데.

아빠 : 해 보지도 않고 시시한 게 뭐야?

수호 : 난 그렇다고.

아빠 : (한숨 쉼) 네 맘대로 해.

놀이의 주도성을 아이에게 돌려주기

놀이 장면에 보이듯 수호 아빠는 놀이에 매우 주도적이다. 아이에게 설명하고, 놀이 자체에 흥미를 느끼며 아이에게 빨리 재밌는 것을 알려 주고 싶은 마음이 앞선다. 하지만 수호는 자신이 방법을 찾아가는 과정에 더욱 흥미를 느끼는 아이였다.

아이들이 레고나 블록 장난감을 좋아하는 이유는 작은 부품을 연결하고 만들어가는 과정을 즐기고 내가 원하는 것을 만들 수 있기 때문이다. 마찬가지로 수호는 팽이를 좀 더 자세히 살펴보고, 어떤 원리로 돌아가며, 돌아가면서 회전은 어떻게 일어나는지를 살펴보고 싶었다. 하지만 아빠는 여기서 아이의 호기심을 알아채지 못하고 놀이를 시작해 버렸다. 아이에게는 그 과정 자체도 다 놀이인데, 아빠는 팽이를 돌려 승부를 내는 과정만 놀이라고 생각한 것이다.

나는 아이에게 주도성과 자발성을 돌려주라고 조언했다. 그리고 혼자서 어떤 놀이를 할 것인지 계획하지 말고, 수호와 함께 계획해 아이가 원하는 것을 선택하게끔 방법을 바꾸어 나가도록 했다. 다음은 이후 수호와 아빠의 놀이 장면이다.

😊 아빠: 우와 자동차 진짜 많다. 우리 경주할까?

👶 수호: (다른 놀잇감들을 관찰함)

😊 아빠: (수호가 팽이에 관심을 보이는 것을 보고) 팽이도 있네. 넌 이게 궁금하구나.

👶 수호: (팽이를 천천히 살펴봄)

😊 아빠: 이런 종류는 처음 보는 거다. 어떻게 되는 건지 궁금한가 보네.

👶 수호: 이렇게 하는 건가? (조심스럽게 만져보고 살펴본다) 여기에 이

줄을 껴서 잡아당기는 거 같아.

아빠: 그걸 자세히 살펴보더니 방법을 알아냈나 보네.

수호: 어, 그런 거 같은데. 이렇게 하는 거 같아.

아빠: 오호, 그렇네.

수호: (끼워 봄) 잘 안된다…. 이게 아닌가?

아빠: 이 방법은 아닌가? 다른 방법을 찾아봐야겠네.

수호: 아빠도 한번 봐봐.

아빠: 그래. 음… 이걸 반대로 끼워볼까?

수호: 맞다. 그런 거 같은데. 아빠 다시 줘 봐. 내가 해 볼게.

아빠: 그래.

수호: 우와 됐다. 반대로 끼우는 게 맞았어. 그래야 속도가 나는
거야.

아빠: 음, 네가 드디어 알아냈네. 해냈다.

수호: 우와! 신난다. (일어나서 펄쩍펄쩍 뛴다)

아빠: 네가 방법을 알아내니까 기분이 너무 좋구나.

아이를 잘 관찰하면 아이가 무엇에 관심을 보이는지 알 수 있
다. 아빠는 수호가 팽이에 관심을 보이는 것을 금세 알아챘다. 하
지만 그다음은 기다려야 했다. 수호가 어떻게 하고 싶은 건지 아
직 알 수 없기 때문이었다. 수호는 조심스럽게 그걸 만지면서 어떻
게 하는지 방법을 찾아냈다. 수호에게는 방법을 찾아내는 과정이

즐거움이었다. 물론 어떤 아이들은 팽이를 빨리 돌리는 것이 더 중요해서 관찰하는 과정이 전혀 즐겁지 않을 수 있다. 그런 아이에게는 그대로 아이의 선택을 존중하면 된다. 수호는 자신이 방법을 찾아내서 팽이를 돌렸을 때 즐거움을 경험했다. 수호는 그것으로 충분한 놀이를 했다.

유희 놀이에서
부모가 알아야 할 것들

놀이에서 유희가 부족한 아이들에게는 좀 더 안전한 공간을 만들어 주고, 가능한 허용을 늘리고 제한을 줄이는 것이 좋다. 특히 위축되고 소심하고 수줍음이 많은 아이는 이 부분을 더 신경 써야 한다.

공간을 안전하게 만들라는 말은 실제 위험이 없게 만들라는 말이기도 하지만 여기에 더해, 아이가 그 공간을 두렵지 않게 인식하게 만든다는 의미도 있다.

안전한 공간을 만들어 허용을 늘리고 제한을 줄여라

유희와 즐거움이 부족한 아이들은 새로운 공간이나 낯선 공간에서 놀이에 위축된 모습을 보인다. 이때 부모가 아이를 채근하여 놀이 공간으로 들여보내기보다 아이와 먼저 공간을 탐색하며 일종에 안내하는 시간을 갖는 것이 좋다. "여기에는 모래가 있구나.", "물도 있네. 시원한지 마셔봐야겠다.", "미끄럼틀도 탈 수 있네."라며 아이와 그 공간을 둘러보며 여기에 무엇이 있고, 여기서 어떤 것을 할 수 있는지 알려 주는 것이다. 무엇보다 아이가 공간에 안전함을 느껴야 긍정적인 정서를 느낄 수 있다.

지나치게 경직된 부모는 아이가 하는 행동이 다 위험해 보여 모든 행동을 제한하는 모습을 보이기도 한다. 걸음마를 시작하는 아이가 넘어질까 봐 넘어지기 전에 빨리 잡아 준다. 아이의 모든 행동을 주시하고, 아이가 혹여 넘어지지 않는지 늘 전전긍긍하며 바라본다. 하지만 넘어져 본 아이만이 어떻게 하면 넘어지지 않는지, 넘어졌을 때 어떻게 일어나야 하는지를 배운다. 넘어져 본 적 없는 아이는 대처할 방법을 배우지 못한다.

제한이 너무 많으면 자신의 욕구를 밖으로 펼칠 수가 없다. 낯선 것을 만져보고 탐색할 때 느끼는 흥미와 즐거움이 큰데, 행동을 자꾸 제한하면 이런 긍정적인 정서를 경험하지 못하게 되는 것이다. 그러니 부모는 아이가 충분히 탐색하도록 돕고, 너무 많은 제한으로 행동을 통제하지 않도록 하는 것이 좋다. 정말 위험할 상황만 제한하고, 도전을 경험하여 호기심과 욕구를 충족하도록 도와야 한다. 그러면 아이는 자연스럽게 놀이로 빠져들며, 그것만으로도 즐거움을 충분히 느낄 수 있다.

부모 자신이 먼저 즐거워야 한다

사실 부모가 아이와 함께 놀아 주는게 쉽지만은 않다. 아이와 놀아 주겠다고 마음먹었다고 해서 그 과정이 마냥 즐겁지만은 않기 때문이다. 어른들도 어른들과 노는 것이 즐겁다. 속으로는 아이가 혼자 놀거나 형제들끼리 놀기를 바라고, 엄마 아빠는 그냥 두었으면 하는 마음이 가득하다. 그런 마음으로 아이와 놀이를 시작하니, 한 손에는 핸드폰을 쥔 채 아이의 놀이를 건성으로 바라보게 된다. 재미가 없으니 10분이 1시간 같고, 정작 아이는 부모가 주는 관심이 성에 차지 않으니 1시간을 놀아도 논 것 같지 않다. 부모의 관심과 사랑이 고픈 아이들은 계속해서 부모에게 놀아달라고 하고, 부모는 이제 충분히 놀아줬으니 됐다며 자리를 뜬다. 서로 놀았지만 논 거 같지 않은 상태가 된다. 아이는 원하는 욕구가 채워지지 않았고, 부모도 뭔가 찜찜한 이런 상황들을 아마 다들 경험해 봤을 것이다. 나 역시도 다른 부모들과 크게 다르지 않다.

하지만 부모가 아이들과 진심으로 재미있게 놀고 부모도 즐거워할 때 아이들의 반응은 차원이 달라진다. 아이들은 부모의 즐겁다는 감정을 흡수하고, 흡수된 감정을 가지고 교류하며, 더욱 질 높은 상호작용을 한다.

몇 년 전에 친한 다른 가족과 함께 캠핑을 간 적이 있었다. 우리 부부는 어릴 때 했던 놀이를 아이들과 한번 해보자는 생각으로 시장에 가서 검정 고무줄을 샀다. 또 어릴 때의 기억을 더듬어 비석치기 놀이와 콘티찐빵이라는 사각격자 놀이를 준비했다. 옛 기억을 더듬어 가며 신이 난 채로 아이들에게 놀이 설명을 해 주었다. 아이들은 어릴 적 엄마 아빠 놀이라고 하니 눈이 동그래져서 열심히 설명을 들었다. 편을 먹고 고무줄 놀이를 시작하는데, 이게 웬일인가? 어릴 적에 쭉쭉 올라가던 다리가 이제는 중간에 멈추어 올라가지 않았다. 세월의 흐름을 몸으로 느끼며, 넘어지는 엄마 아빠 모습에 아이들이 깔깔대며 웃었다. 엄마 아빠의 흥분된 모습에 아이들도 덩달아 신이 난 모습이었다. 두 가족이 상대편이 되어 사각격자 놀이도 했다. 가족끼리 한편이 되니 서로 끌어주고 잡아 주고 죽었다가 다시 살아나며 똘똘 뭉쳐 즐겁게 놀았다. 부모들은 어린 시절의 추억을 경험하고, 아이들은 부모의 놀이를 배우며 함께 추억을 공유한 시간이었다. 그날 저녁, 아이들과 신나게 웃고 즐기면서 이런 시간을 함께할 수 있다는 사실에 무척이나 기뻤던 기억이 난다.

아이와 놀 때 부모도 즐거우면 아이도 그 즐거움을 그대로 가져간다. 감정은 무의식으로 공유되기 때문이다. 부모가 즐거워하는 모습을 보며, 아이는 즐거움을 함께 공유하고 긍정적인 정서를 배운다.

유희 놀이 7가지

1 신문지에 펀치를 날려요

준비물

신문지

놀이 방법

신문지는 결대로 잘 찢어지는 성질을 가지고 있다. 부모는 신문지가 잘 찢어지는 방향으로 팽팽하게 한 장 펼쳐든다. 아이가 신문지의 가운데를 주먹으로 치도록 한다. 큰 소리가 나면서 신문지가 찢어지는데, 이 소리가 상당히 명쾌하여 아이들의 흥미를 자극한다. 아이를 격려하면서 한 장 더 해 볼 수도 있고, 신문지를 포개어 시도해 볼 수도 있다.

신문지 펀치를 끝낸 후에는 남은 신문지 조각을 마구마구 찢어 보는 활동도 해볼 수 있다. 또한 찢어진 신문지를 모아 작은 공 모양을 만들고 바구니 하나를 놓고서 농구 놀이를 하면 청소까지 한 번에 해결할 수 있다.

(놀이 효과)

도전적인 경험을 통해 자신감과 성취감을 느끼며, 부정적이고 공격적인 감정을 해소하는 데 도움이 된다. 신문지가 찢어지는 소리는 해방감을 주며, 감정을 표출하고 정화하는 데 도움이 된다.

(Tip)

• 신문지 펀치를 하다가 상대방의 얼굴이나 몸을 때릴 위험이 있으니 세기를 조절하도록 한다.

• 위축된 아이의 경우에는 부모가 먼저 시범을 보여 준다. 아이가 과잉 행동을 보이면 활동이 너무 격해지지 않도록 주의한다.

❷ 양탄자 이불을 타고 놀아요

(준비물)

작은 담요 혹은 이불

(놀이 방법)

담요를 깐 뒤 아이를 그 위에 앉히고 부모가 담요를 끌어 준다. 눈을 마주 볼 수 있도록 부모가 앞에서 담요 끝자락을 잡으면 안전하게 놀이를 시작할 수 있다. 아이가 부모의 눈을 바라볼 때만 움직이고, 바라보지 않으면 움직이지 않는다는 규칙을 넣을 수도 있다. 이때 몇 가지 규칙을 추가하면 더 재미있다. 아이가 오른손을 들면 오른쪽으로, 왼손을 들면 왼쪽으로 움직이는 것이다. 이러한 신호는 다양하게 변형하여 활용할 수 있다.

(놀이 효과)

부모가 끌어 주는 이불에 탄 아이들은 너무나 즐거워한다. 부모와 아이가 즐거운 정서적 경험을 나눌 수 있다.

(Tip)

담요를 너무 빨리 움직이면 아이가 뒤로 넘어갈 수 있기에 천천히 움직인다. 아이가 담요를 꼭 잡을 수 있도록 당부한다.

❸ 맛있는 김밥을 만들어요

준비물

얇은 이불 한 장, 스카프, 색종이 등

놀이 방법

이불을 넓게 편 후 한쪽 끝자락에 아이를 눕힌다. 이불이 김이 되고 아이는 밥이 되는 것이다. 아이는 밥이 된다는 설정만으로도 신나고 재미있어 한다. 이때 밥에 소금 간을 해야 한다며 작은 종이 조각을 뿌리거나 밥을 비벼야 한다며 몸을 마사지하듯이 주물러 주면 아이들이 매우 좋아한다. 다양한 천 스카프나 목도리 등을 이용하여 김밥의 속 재료를 표현한다. 노란색 스카프가 있다면 단무지가 될 수 있고, 햄, 달걀, 시금치, 당근 등을 대체할 물품을 찾아와 그 안에 넣을 수 있다. 속 재료까지 다 들어갔으면 이불로 돌돌 말아준다. 돌돌만 김밥을 썰어야 한다면서 손으로 썰며 스킨십하고 맛있게 먹는 흉내까지 내며 놀이할 수 있다.

놀이 효과

자기 몸이 놀잇감이 되는 경험만으로도 아이들은 즐거움을 느낀다. 부모와 자연스러운 스킨십을 유도하고 정서적인 만족감을 느낄 수 있다.

신체 접촉이 많은 놀이이기 때문에 아이의 감정이나 반응에 따라 접촉의 강도를 달리한다. 어떤 아이는 접촉에 민감하며 불편해할 수 있기에, 그런 경우는 마사지나 쓸기 같은 동작은 생략할 수 있다. 가능한 아이가 기분 좋은 관심과 부드러운 터치로 즐거움을 경험할 수 있도록 하는 것이 중요하다.

❹ 수박씨, 누가 누가 멀리 뱉나

준비물

수박 씨(각종 과일 씨), 전지 혹은 신문지

놀이 방법

여름에 수박을 먹으며 함께 하기 매우 좋은 놀이다. 씨가 많은 과일은 모두 가능한데, 보통 포도나 수박이 적절하다. 바닥에 신문지나 전지를 길게 깐 후, 모두 출발선에 선다. 한 명씩 수박씨를 뱉어서 누가 가장 멀리 갔는지 확인한다. 응용 놀이로 전지에 원을 하나 그려 넣고 그 안에 수박씨를 가장 많이 넣는 사람이 이기는 게임으로 진행할 수도 있다.

과일을 나눠 먹는 것과 놀이를 연결해 즐거운 경험을 할 수 있다.

Tip

수박이나 포도가 없을 경우, 땅콩이나 해바라기씨와 같은 견과류를 이용할 수 있다.

5 휴지로 미라를 만들어요

준비물

두루마리 화장지, 거울

놀이 방법

아이를 거울 앞에 서게 한다. 그리고 손을 X자로 포개서 가슴에 얹게 하고 두루마리 휴지를 몸에 빙빙 둘러 미라처럼 만든다. 다 감은 후에 부모는 "○○ 미라 깨어나라."라고 주문을 외친다. 아이가 가슴 위에 놓은 손을 펼치는 동작을 하면서 휴지를 찢고 나올 수 있게 한다.

자기 신체에 대해 긍정적인 이미지를 형성하고, 부정적인 감정을 해소하며, 즐거운 감정을 경험할 수 있다.

미라를 만들 때 휴지를 약하게 감아 아이가 갑갑함을 느끼지 않도록 한다. 눈, 코, 입 부분은 휴지를 감지 않도록 한다.

⑥ 풍선으로 배드민턴을 쳐요

옷걸이, 풍선

옷걸이를 이용해 배드민턴을 할 수 있는 놀이다. 세탁소에서 주는 얇은 옷걸이를 준비한다. 옷걸이의 한쪽 부분을 분리해 둥글게 만든 뒤, 구멍 난 스타킹을 동그랗게 만든 옷걸이에 씌워서 배드민턴 채 모양을 만든다. 2개를 만들어야 함께 놀 수 있다. 그런 후 풍선을 적당한 크기로 불어 공을 대신해 배드민턴을 친다. 집에서 쉽게 구할 수 있는 재료로 만들 수 있어 유용하다.

쉽게 구할 수 있는 재료로 만들기에 아이들의 흥미를 유발하며, 풍선 놀이를 색다르게 해 볼 수 있다.

Tip

스타킹이 없으면 작아져서 버리는 아이의 티셔츠를 이용해서 채를 만들 수도 있다.

❼ 춤을 춰서 포스트잇을 떨어뜨려요

준비물

색깔이 다른 접착 메모지

놀이 방법

아이와 부모의 몸 곳곳에 접착 메모지를 하나씩 붙인다. 만약 아이가 분홍색을 붙였다면, 엄마는 노란색, 아빠는 파란색으로 붙인다. 음악을 틀어서 막춤을 추면서 메모지를 몸에서 떨어지게 한다. 음악이 끝난 후 바닥에 메모지를 많이 떨어뜨린 사람이 이긴다. 놀이가 끝난 후 남겨진 메모지를 이용해 창문에 그림 벽화를 만드는 응용 놀이도 진행할 수 있다.

음악은 아이들의 정서 발달에 도움이 된다. 특히 정해진 춤이나 율동 없이 하고 싶은 대로 막 움직임으로써 에너지를 발산하고 즐거움을 경험할 수 있다.

접착 메모지는 배나 등과 같은 곳에 붙이면 잘 떨어지지 않을 수 있으므로 아이가 움직이기 쉬운 얼굴이나 팔다리 쪽에 붙여 주는 것이 좋다.

진짜 놀이 FAQ

Q. 아이가 놀이 후에 정리를 하지 않아요. 너무 어지럽혀서 계속 옆에서 치우면서 놀이하는데, 매번 정리는 엄마 차지입니다. 정리하는 습관을 들이려면 어떻게 해야 할까요.

아이들은 대체로 정리하는 것을 좋아하지 않습니다. 정리를 하면 이제 놀이 시간이 끝이라고 생각해 싫어하는 경우도 있습니다. 이럴 때는 엄마와 소꿉놀이 장난감을 누가 빨리 바구니에 담는지 시합하거나 공룡 10개 먼저 모아오기 같은 놀이로 함께 정리를 시도해 볼 수 있습니다.

어떤 부모님은 한 놀이가 끝나면 다른 놀이로 전환하기 전에 놀잇감을 정리하게 하기도 합니다. 하지만 아이들은 이전 놀이와 지금 놀이를 연결하며 놀기도 합니다. 물론 어린이집이나 유치원은 공동의 생활 공간이기에 자신이 하고자 하는 장난감을 그대로 늘어놓을 수 없습니다. 하지만 집에서만큼은 아이가 충분하게 표현할 수 있도록 놀이 시간과 공간을 확보해 주는 것이 좋습니다. 중간중간 정리하기보다는 놀이가 다 끝난 후 정리하도록 하는 것이 더 바람직합니다.

Q. 4~7세 아이들에게 적당한 놀잇감은 무엇인가요?

4~7세 시기 놀이의 가장 큰 특징은 협동 놀이가 가능해진다는 점입니다. 친구와 함께 놀며 사회성, 판단력, 문제 해결 능력이 발달하지요. 상상 놀이와 역할 놀이는 좀 더 복잡하고 다양해집니다. 엄마, 아빠, 친구, 선생님, 의사, 가게 주인 등 역할도 많아지고 이런 역할을 대신하면서 자신의 욕구를 분출하고 충족합니다. 이때 상상 놀이에 더욱 집중할 수 있는 가상 장난감인 인형, 공룡, 동물 피규어, 자동차, 총, 칼, 인형의 집, 소꿉놀이 세트, 블록, 클레이 등이 놀잇감으로 좋습니다. 6~7세 정도가 되었을 때는 승패가 갈리는 간단한 보드게임 등으로 유능감을 경험하는 놀이도 좋습니다.

마트에서 파는 규격화되어 있는 완성형 놀잇감보다는 점토, 밀가루 반죽, 물이나 모래, 흙과 같은 자연물, 규격 없는 종이 등의 개방형 놀잇감이 좋습니다. 집에 있는 택배 박스나 재활용 쓰레기가 될 플라스틱 용기도 훌륭한 놀이감이 될 수 있습니다.

Q. 바깥 놀이와 실내 놀이 중 어떤 게 더 좋나요?

바깥 놀이는 에너지를 방출하고 신체 발달을 촉진하며 건강해지는 데 도움이 됩니다. 실내 놀이는 제한된 놀잇감을 사용하기에 몸보다는 언어를 더 많이 사용하며, 상호작용으로 공감 능력, 갈등 해결 능력을 키우는 데 도움이 됩니다. 따라서 두 가지 놀이를 균형 있게 하는 것이 필요합니다.

다만 두 놀이 중 한쪽으로 지나치게 치우치는 경우가 있습니다. 바깥 놀이만 하려는 아이 중에는 감정을 말로 잘 표현하지 못하고 행동이 앞서는 문제가 나타날 수 있습니다. 실내 놀이만 하는 아이도 몸을 사용하며 에너지를 발산하지 못하다 보니 긴장을 많이 하고 위축된 마음을 가질 수 있습니다. 이때는 부모가 균형 있게 아이를 이끌어 줄 필요가 있습니다.

Q. 아이와 얼마나 놀아 주어야 적당한가요?

적정 놀이 시간은 부모와 아이의 심리적인 여유와 상태에 따라 달라집니다. 어떤 부모는 아이와 1시간 이상 놀아도 에너지가 남지만, 아이와 30분만 놀아도 힘든 부모도 있습니다. 그러니 이는 부모와 아이의 상태를 고려하여 정하는 것이 좋습니다.

아이와의 놀이 시간은 시간의 양보다 부모가 약속을 잘 지킬 수 있는 시간으로 정하는 것이 바람직합니다. 그리고 시간보다 더 중요한 것은 '진짜 놀이', 즉 '아이 주도 놀이'를 해 주었는지입니다. 앞에서 배운 대로 아이가 스스로 놀이를 주도하도록 도우며, 이 시간만큼은 오롯이 내 아이에게만 집중한다는 마음으로 놀아 주는 자세가 필요합니다.

Q. 남자아이인데 전쟁, 사고 놀이만 합니다. 그냥 두어도 되나요?

아이들은 놀이를 통해 스트레스를 해소합니다. 전쟁을 통해 상대편을 죽이고 싸우는 놀이가 부모들에게는 다소 과격해 보일지 모르나, 이는 아이들의 내면에 쌓여 있는 부정적인 감정이나 생각을 해소하는 좋은 방법입니다. 실제로는 나를 힘들게 한 사람에게 표현하지 못했지만, 놀이라는 상상의 안전한 공간에서 이 감정을 건강하게 표현하는 것이지요. 남자아이의 경우 전쟁과 사고 놀이를 통해 나타나고, 여자아이의 경우 역할 놀이에서 갈등, 버려짐 등으로 나타납니다.

공격성을 표출하는 아이들의 놀이가 많은 경우 '해결'이나 '생산' 같은 주제 변화로 이어지기도 합니다. 전쟁이 나서 모두 몰살하지만, 공사 차량이 등장하여 마을을 다시 짓거나, 사람들을 살려 주기 위해 영웅이 등장하거나 하는 것이지요. 다만 아이가 이러한 놀이에 지나치게 몰입되어 있지는 않은지 주의 깊게 살펴야 합니다. 스트레스가 자신이 처리하기에 적절하지 않아서 대안을 만들어 내지 못하고 부적절한 방식의 표현만을 계속한다면 전문가의 의견을 들어 보시기를 권합니다.

Q. 맨날 같은 놀이를 반복하는데, 이대로 두어도 될까요?

같은 놀이가 반복되는 데에는 몇 가지 이유가 있을 수 있습니다. 첫 번째는 아이가 표현하고자 하는 부분이 크기 때문입니다. 예를 들어, 양육적인 결핍이 있는 아이가 결핍을 채우기 위해 아기 인형을 먹이고 씻기고 재우는 돌봄 놀이에 반복적으로 몰두하는 경우가 있습니다. 이때 아이는 놀이를 통해 자신이 부족한 부분을 자신이 원하는 방식으로 채워 나가며 감정 조절을 배우게 됩니다.

또 다른 경우는 놀이 경험이 부족하기 때문일 수 있습니다. 상호작용 경험이 부족하면 놀이를 확장할 자원이 없어 같은 놀이를 반복할 수 있습니다. 그럴 때는 아이가 주도하여 놀이하는 과정에 부모가 함께하며 놀이를 확장할 만한 질문을 합니다. "여기에 엄마는 지금 뭘 하는 거야?", "친구끼리 학교에 가는 거구나. 얘들은 어떤 사이인지 궁금하다." 그러면 아이는 이에 맞는 대답을 하고, 더 대화를 이어 가면서 점차 이야기를 확장시켜 갈 수 있습니다.

Q. 놀이 중에 아이가 자꾸 규칙을 바꾸는데, 어떻게 해야 하나요?

6~7세 정도가 되면 보드게임 같은 놀잇감을 사용할 수 있게

됩니다. 이러한 놀이는 규칙이 존재하고 승패가 나뉘다 보니 아이들은 이기고 싶은 마음에 반칙이나 속임수를 쓰거나 규칙을 바꾸는 경우도 많습니다. 대부분 부모는 이런 상황에서 아이의 반칙이나 속임수를 그대로 넘기질 못합니다. "반칙하면 안 돼!"라고 단호하게 제한하거나, 아이와 싸우고 싶지 않아 속임수를 못 본 척 넘어가 주기도 하지요.

저는 아이들과 보드게임을 할 때 이렇게 이야기합니다. "사실 나는 너보다 나이도 많고 어른이니까 이 게임을 당연히 잘할 거야. 처음부터 우리의 게임은 공평하지는 않을 거 같은데, 너는 어떻게 했으면 좋겠어?" 이렇게 질문하면 아이들은 "그러면 제가 주사위를 한 번 더 던지면 어때요?", "저한테는 세 번 특별 기회를 주세요." 같이 어드밴티지를 적용하겠다고 합니다. 나이 많은 저와 6세 아이의 게임에 공정성을 맞추기 위해 아이에게 특별한 기회를 더 주는 것이지요. 그렇게 약속을 정하고 게임을 시작할 수 있습니다.

아이들이 규칙을 바꾸는 이유는 이기고 싶은 마음이 크기 때문입니다. 그러니 아이들이 이기는 경험을 충분히 하도록 해 주는 것이 필요합니다. 충분한 성공과 충족을 경험한 아이들이 배려와 자기 것을 내어 주는 마음을 가질 수 있습니다.

Q. 친구랑 둘이서는 잘 노는데, 여러 친구가 있을 때 끼어들어 노는 것을 힘들어 합니다. 어떻게 도와주어야 하나요?

여러 친구 사이에 끼어들어 노는 것은 사실 어른들에게도 어려운 일입니다. 분위기를 파악하며 들어갈 타이밍을 잘 잡아야 하지요. 친구와 둘이서 잘 논다는 것은 아이가 상호작용을 하는 데는 큰 어려움이 없다는 뜻일 겁니다. 이럴 때는 부모가 타이밍을 잘 살펴보다가 천천히 아이가 놀이에 흡수되도록 조금 도와줄 수 있습니다.

만약 아이들이 유치원 놀이를 하고 있다면, 조금 떨어져서 놀이가 진행되는 것을 아이와 잘 관찰합니다. 그리고 "지금 이준이가 선생님인가 봐. 다른 친구들은 아이들이네." 하면서 관찰한 부분을 아이에게 넌지시 이야기해 줍니다. 그러면 아이는 지금 놀이가 어떤 상황인지, 어떤 내용으로 이어지고 있는지 파악할 시야를 가지게 됩니다.

예를 들어 놀이에서 아이들이 모두 하원한 후 다음날이 되어 다시 등원하는 내용이 이어지게 되었다면, 이때 그중 한 아이에게 말을 걸어볼 수 있습니다. "서우야, 지안이도 이 유치원에 가고 싶어 해서 오늘부터 갈까 하는데 괜찮을까?" 이때 아이가 직접 말할 수 있다면 스스로 하도록 격려해도 좋습니다. 자연스럽게 놀이 안으로 스며들 수 있도록 조금만 도와주면, 아이는 천천히 또래 아이들 사이에 끼어드는 법을 배울 수 있습니다.

Q. 혼자서 잘 못 놀고 계속 엄마를 찾는데 어떻게 해야 하나요?

아이들은 놀이를 통해 상호작용하며 자연스럽게 다양한 발달 과업을 습득합니다. 물론 혼자 놀 때도 있긴 하지만, 대부분 아이는 함께 놀고 싶어 하지요. 함께 노는 것이 훨씬 재미있기 때문입니다.

만약 혼자서만 놀려고 한다면 그것대로 문제가 있지는 않은지 살펴봐야 합니다. 혼자 잘 논다는 것은 놀이 수준이 자기에게만 머물거나, 상호작용 경험이 부족해 어떻게 함께 노는지 알지 못해 그럴 수도 있습니다.

어쨌든 부모가 놀아 줄 수 없을 때는 아이에게 한계를 분명히 설명해 주어야 합니다. 예를 들어, "엄마도 너와 너무 놀고 싶지만, 지금은 가족을 위해 저녁을 준비해야 할 시간이야."라고 이야기해 주며 혼자 할 수 있는 놀이를 찾아보도록 하는 겁니다. 아이가 혼자 할 수 있는 놀이를 찾지 못하면 엄마가 퍼즐 맞추기, 그림 그리기, 종이접기 등 몇 가지 놀이를 제안할 수 있습니다. 물론 이렇게 했는데도 엄마랑 놀고 싶다며 떼를 쓰기도 하지요.

사실 아이가 함께 놀자고 조르는 시기는 그리 길지 않습니다. 어느 순간 엄마에게서 떨어져 방 안에 들어가 자기만의 시간을 보내는 아이를 보면, 아쉬워지게 될 것입니다. 엄마가 지금 아이와 보내는 시간을 조금 넉넉히 내어 주는 것도 좋습니다.

Q. 놀이를 끝내자고 하면 꼭 웁니다. 기분 좋게 놀이를 끝낼 방법은 없을까요?

놀이를 시작하기 전에 놀 수 있는 시간 약속을 명확하게 하는 것이 필요합니다. 특히 4~7세 유아들은 자기 조절력을 키우는 중요한 시기입니다. 제한을 설정하고 이를 받아들이면서 자신의 감정을 조절하고 통제하는 것을 배워나갑니다. 시간 제한 역시 마찬가지입니다.

먼저 놀이를 시작하기 전에 부모가 아이에게 명확한 제한을 알려 줍니다. "우리가 놀이할 수 있는 시간은 1시간이고, 긴 바늘이 한 바퀴 돌아서 12에 다시 오면 놀이 시간이 끝난 거야. 약속할 수 있겠어?" 그리고 제한을 수용하며 책임지고 지키는 것은 아이의 몫임을 알려줍니다. 아이가 이를 수용하며 지킬 수 있도록 놀이를 끝마치기 5~10분 전에 알려줍니다. "이제 놀이 시간이 5분 남았어. 그때까지 더 재밌게 놀아보자." 미리 시간 안내를 받으면 아이는 놀이에 대해 마무리 지으면서 정리하는 모습을 보이게 됩니다.

물론 처음에는 잘 안될 수 있습니다. 그렇지만 부모가 안내심을 갖고 원칙을 지키며 제한을 반복한다면, 아이도 이를 잘 수용하고 받아들일 수 있게 됩니다.

Q. 아이가 놀이를 선택하지 못하고 계속 쭈뼛거리기만 해요. 언제까지 기다려 줘야 하나요?

놀이 주도권을 자꾸 엄마에게 넘기는 아이는 불안과 긴장이 높고 걱정이 많은 기질인 경우가 많습니다. 이런 아이들은 자기 행동에 대해 부모에게 확인하는 질문이 많고, 자신의 선택이 맞는지 평가받아 안심하고 싶어 합니다. 또한 부모가 아이의 행동을 통제하고 지시하는 부분이 많을 때, 아이는 자율성을 획득하지 못하고 자신을 확신하지 못합니다. 자신의 결정을 믿을 수 없어 남에게 의지하는 모습들을 자주 보이지요. 놀이하자고 하면 아이는 "엄마가 하고 싶은 거 해.", "나는 다 괜찮아."라는 말을 하곤 합니다. 그러면 엄마는 아이가 흥미 있어 할 만한 놀잇감을 아이에게 제시하게 되죠. 그러는 순간 아이는 다시 주도권을 발휘하지 못하게 됩니다.

이때는 아이에게 "네가 원하는 걸 하는 게 중요하지. 너는 어떤 게 하고 싶어?"라고 말하며 천천히 기다려 주어야 합니다. 그렇게 했는데도 아이가 선택하지 못한다면 선택의 범위를 좁혀 주는 방법을 권합니다. "클레이 놀이도 있고, 인형 놀이도 있고, 보드게임도 있고, 다트 놀이도 있네. 너는 어때?"라고 물어보는 것입니다.

결국 아이 자신이 선택하고 결정하는 것이 중요합니다. 그리고 또 한 가지. 아이가 선택한 것에 대해 부모의 충분한 격려가 필요합니다. 그러면 아이는 자신의 선택에 대해 인정받는 느낌을 갖게 되고, 다음번에는 좀 더 자신있게 선택할 수 있게 됩니다.

Q. 게임이나 놀이에서 지면 화를 내고 울어 버립니다. 어떻게 해야 할까요?

게임에서 지면 속상합니다. 아직은 감정 조절이 어려운 유아들이니, 속상한 마음을 잘 숨기지 못하는 게 당연합니다. 때로는 그저 게임에서 한 번 진 것뿐인데 대성통곡하며 울거나, 화를 내며 더 이상 놀지 않으려는 모습을 보이기도 합니다. 사실 이러한 행동은 4~7세 아이에게는 흔한 모습입니다. 이에 대해 부모가 부정적으로 생각하고 반응하기보다는 아이의 마음을 수용해 주는 자세가 필요합니다. "게임에서 지니까 너무 속상하구나. 네가 이기고 싶었는데, 너무 아쉽고 슬픈 것 같네."라고 이야기하며 아이의 마음을 충분히 수용해 주면, 아이의 부정적인 감정 수준이 차츰 낮아집니다. 그다음 감정이 진정될 때까지 조금 기다려 줍니다. 아이가 상황을 잘 받아들이고 자신의 감정을 스스로 조절하기 위해서는 시간이 필요합니다. 이 과정에서 마음이 어느 정도 조절되고 정리된다면 그것으로 충분합니다.

이러한 과정을 통해 아이는 자신이 매번 이길 수 없다는 사실을 배우고, 자신의 감정을 조절해야 놀이를 지속할 수 있다는 것도 배우며, 어떻게 감정을 조절해야 하는지도 배웁니다.

만약 아이가 화를 내고 우는 행동에서 벗어나 놀잇감을 던지거나, 부모를 때리려는 행동을 보인다면 이는 분명히 제한해야 합니다. 감정은 수용하되 행동은 분명하게 제한해야 하고, 할 수 있는 대안적인 행동을 알려 줍니다.

Q. 역할 놀이를 할 때 자기가 원하는 대로 하려고만 합니다. 그걸 매번 따라 줘야 하나요?

유아기는 자기중심적인 사고가 큰 시기입니다. 부모와 역할 놀이 상황에서 대사나 행동까지도 자신이 원하는 대로 하기를 바랍니다. 하지만 점차 자기중심적 사고가 줄면서 타인과 상호작용하며 배려하는 놀이가 가능해집니다.

아이가 원하는 주제가 있고, 놀이의 흐름을 자기가 주도하여 놀이의 역할과 이야기를 끌어간다면 부모는 이 놀이의 흐름을 잘 맞추어 주는 것이 중요합니다. 그런데 만약 아이가 명령조로 이야기하거나, 부모를 통제하려 하거나, 부정적인 대상에게 공격하듯이 할 때는 이에 대해 부모의 감정을 이야기해 주는 것이 필요합니다.

예를 들어, 엄마와 아이가 자동차 놀이를 하고 있다고 해봅시다. 아이가 엄마에게 "뭐야, 왜 안 움직여? 여기까지 와야지."라며 지시를 할 때 엄마는 무슨 상황인지 알지 못할 수 있습니다. 그럴 때는 "이 자동차가 여기까지 오도록 움직여야 하는 거구나. 네가 말해 주지 않아서 엄마가 잘 몰랐네. 네가 나에게 화내는 것 같아 엄마가 조금 속상하네. '엄마 자동차 출발하기 전에 여기 선까지 와야 해'라고 말해 주면 더 재밌게 놀 수 있을 거 같아."라고 말하는 것입니다. 아이는 타인의 기분이 어떤지, 어떻게 하면 엄마에게 자신이 생각한 것을 적절하게 표현할지 배울 수 있습니다.

Q. 친구와의 놀이 시간을 따로 만들어 주어야 하나요?

요즘은 아이들이 어린이집이나 유치원을 이른 시기부터 다니기 때문에 사회성 발달의 기회가 많습니다. 사회성이 잘 발달 되어 있는 아이들에게는 이러한 경험만으로도 충분합니다. 하지만 사회적 기술이 부족한 아이들에게는 친구와의 충분한 놀이 경험이 무엇보다 중요합니다.

소심하고 내향적인 아이들은 특히 아이들에게 먼저 다가가는 것이 어렵기에 어린이집이나 유치원에서도 친구들에게 다가가지 못하고 혼자 놀이를 하거나 관계를 형성하지 못하는 경우가 있습니다. 이런 경우 아이의 성향과 잘 맞는 아이를 집으로 초대해 놀이 경험을 많이 쌓을 수 있다면 좋습니다. 개인적인 놀이 경험이 쌓이면 서로를 특별하게 여기면서 기관에서도 더 친밀하게 지낼 수 있기 때문입니다.

또한 소심하고 내향적인 아이는 친구들 무리에서 놀이하는 것이 자극이 너무 많아 끼지 못하고 겉도는 경우가 있습니다. 이때는 1:1의 놀이 경험을 먼저 많이 쌓은 후 친구를 확장해 가는 단계적 개입이 필요합니다.

Q. 아이가 한 가지에 몰입해서 놀지 못하고 여러 놀잇감을 가지고 산만하게 노는데, 이렇게 놀아도 괜찮을까요?

호기심이 많으면 그럴 수 있습니다. 지금 가지고 놀고 있는 놀잇감에 관심을 가지고 놀이에 몰두하지 못하고 다른 자극을 끊임없이 살피면서 더 재미있는 게 없나 살펴보는 것이지요. 하지만 놀이가 진행되지 못하고 탐색만 지속된다면 진짜 놀이를 하지 못할 가능성이 있습니다. 특히 주의력이 부족한 아이들이 이러한 놀이 패턴을 보이기도 합니다.

이때는 놀이를 좀 더 확장할 수 있도록 도와줄 필요가 있습니다. 놀잇감에서 아이가 미처 살피지 못한 부분을 부모가 언급해 주어, 새로운 놀잇감으로의 주의 전환을 방지하는 것입니다. 주의력이 부족한 아이들은 놀잇감을 제대로 살피지 않고 자신이 관심 있어 하는 부분만 보는 경향이 있기 때문입니다. "이 버튼은 누르면 문이 열리기도 하네.", "이쪽에서 바라보니까 이 집에 또 다른 문이 보여."라면서 다른 시각에서 볼 때의 다른 점들을 알려 주는 것입니다.

이때 아이들은 놀이가 끝나지도 않았는데 자신이 실패한다고 생각해 그만두거나 흥미가 떨어지면 중단하는 경우도 많습니다. 이럴 때는 "네가 진다고 생각되니까 그만하고 싶구나. 하지만 게임은 끝까지 해봐야 승패를 알 수 있지. 이번 판까지는 마무리 해보자."라며 독려해 줍니다.

Q. 친구와의 놀이에서 자신이 원하는 대로만 하려고 하는 아이, 어떻게 해야 하나요?

자기중심성이 큰 이 시기에는 이런 일들이 비일비재합니다. 부모와의 놀이에서는 부모가 아이에게 맞춰 주면 아이가 원하는 방식으로 할 수 있지만, 또래와의 놀이에서 자기 의견만 고집할 수 없습니다.

아이들끼리 다툼이 생길 때 부모는 아이에게 다가가 우선 아이 입장에서 이야기를 들어줍니다. 어떤 놀이를 했는지를 파악하고 상황을 정리해 이야기해 줍니다. "은서는 놀이터에서 놀고 싶고, 진경이는 병원 놀이를 하고 싶은 거구나. 그런데 은서는 지금 병원 놀이를 하고 싶지는 않은 거구나." 그리고 아이가 자신이 원하는 놀이만을 강요하고 있다면 자신만 의견을 낼 수는 없음을 알려 줍니다. 이런 과정을 통해 아이는 의견이 어떻게 다른지 다시 한번 명확하게 인지할 수 있습니다. 그런 후 아이들이 이 문제를 해결할 수 있을지 질문을 통해 기회를 줘 봅니다. "그렇다면 어떤 방법이 너희들이 잘 놀 수 있는 방법일까?" 이렇게 질문하면 아이들은 "그럼 놀이터 놀이 10분만 더하고, 병원 놀이는 30분 하자."라고 의견을 낼 수도 있습니다. 아이들끼리 이렇게 합의할 수 있다면 가장 좋은 방법이 되겠지요. 만약 아이들끼리 합의가 잘 되지 않는다면 부모가 적절한 중재안을 제안하며 합의할 수 있게 돕는 것도 방법이 될 수 있습니다.

Q. 4~7세 아이들에게 좋은 보드게임으로는 어떤 것이 있나요?

보드게임은 승패가 정해져 있는 놀이이기 때문에 사실 학령기 아동들에게 유용한 놀이입니다. 유아기는 상상 놀이나 역할 놀이가 충분히 이루어지는 것이 좋습니다. 하지만 발달도 무 자르듯이 한순간을 기점으로 나뉘는 것은 아니기 때문에, 유아기 후반으로 가면서 승패가 있는 보드게임에 관심을 가질 수 있습니다. 특히 형제가 있는 경우, 나이 많은 형제와 전략적 게임을 진행하면 대체로 나이 많은 형제가 유리하기에 아이는 매번 울음을 터뜨립니다.

이때 전략을 세우는 복잡한 게임보다는 우연 게임과 같이 승패가 운으로 정해져, 누구나 승리할 수 있는 게임이 유용합니다. 또한 승패가 빨리 정해지는 놀이나 전략을 많이 사용하지 않아도 되는 쉬운 게임, 우연의 요소로 승패가 갈리는 보드게임이 좋습니다. 제가 추천하고 싶은 보드게임으로는 〈퍼니 버니 게임〉, 〈텀블링 몽키〉, 〈도블〉, 〈배고픈 하마〉, 〈뱀 사다리 게임〉, 〈배 터져 주방장〉, 〈유령 게임〉, 〈상어 아일랜드 게임〉 등이 있습니다.

엄마의 놀이, 아빠의 놀이는 확실히 다른 경향을 보입니다. 엄마들은 아이의 마음을 헤아리고, 정서를 다루는 역할 놀이를 주로 합니다. 또한 대부분 앉아서 할 수 있는 정적인 놀이를 선택하는 경향이 있습니다. 소꿉놀이, 역할 놀이, 점토 놀이, 그림 그리기 등의 대표적이지요. 엄마와의 놀이는 관계적인 경험을 쌓게 하고, 정서적인 교류를 충분히 할 수 있어 안정된 정서를 만드는 데 도움이 됩니다.

이에 비해 아빠들은 정적인 놀이보다는 신체 놀이, 규칙 있는 게임 놀이, 바깥 놀이 등을 선호합니다. 이러한 활동적인 놀이는 아이의 사회성을 길러 주고, 감정을 해소하며, 조절 능력을 키우는 데 도움이 됩니다. 아빠와의 놀이는 사실 아이를 흥분시키도록 하는데, 아빠들이 아이들과 놀면서 아이를 깜짝 놀라게 하거나 아이가 예측하지 못하는 상황들을 만들기 때문입니다. 그러한 상황은 흥분하게도 하지만, 기분 좋고 신나는 놀이 경험을 통해 감정의 고조를 겪으며 감정의 강도를 조절하는 경험이 될 수도 있습니다. 실제로 호주의 한 가족 연구 센터에서 아빠의 신체 놀이가 유아에게 미치는 영향을 조사했는데, 그 결과 공격성이 상당히 감소하고 감정과 생각을 조절하는 능력이 향상되었다고 합니다.

이렇듯 엄마 놀이와 아빠의 놀이는 아이의 발달에 각각 다른 영향을 줄 수 있습니다.

대개 자기표현이나 주장을 잘하지 못하는 아이들이 친구가 하자는 놀이만 따라 합니다. 이런 아이들은 대체로 내성적이며, 소심하고 부끄러움이 많습니다.

놀이 상황에서 자신이 원하는 것을 표현하지 못하고 친구가 요구하는 것만 따라 하게 되면, 아이의 욕구는 늘 좌절됩니다. 이것을 보는 부모가 속이 터지는 것도 사실입니다. 그래서 "왜 쟤만 따라다녀? 너는 너 하고 싶은 거 해."라고 이야기해 보지만 그것도 잠시. 아이는 다시 친구를 따라가고, 친구가 하라는 것을 합니다.

아이가 이러는 데는 이유가 있습니다. 첫 번째로 아이가 친구와 놀고 싶은 마음이 크기 때문입니다. 놀이 욕구가 평소에 잘 채워지지 않는다면, 친구를 만나는 순간 놀고 싶은 마음이 커서 친구의 마음을 상하지 않게 하려고 애를 쓰는 것입니다. 원하는 대로 맞춰 줘야 친구가 가지 않을 거라 생각하는 것이지요. 이때는 아이가 평소에 친구 관계 경험이 적거나, 친구와의 놀이 시간이 부족한지를 확인해 봅니다.

자기의 생각을 표현하는 게 익숙하지 않은 아이도 이런 경향을 보입니다. 이러한 아이에게는 언어적인 소통이 얼마나 중요한지를 알려 주어야 합니다. 자기 마음을 친구에게 이야기하지 않으면 친구는 네 마음을 알 수 없고, 네가 마음은 싫은 데도 좋은 척을 하면 친구는 그게 좋은 줄 알고 계속하자고 할 수 있다고 이야기 해 줍니다. 너의 불편한 마음이 계속 쌓이면 친구와 사이가 멀어 질 수 있으니, 그러지 않으려면 조금씩 마음을 이야기하고 서로 노력해야 한다고 설명하며, 아이가 말로 자기의 마음을 표현할 수 있도록 격려해 줍니다.

《진짜 놀이 VS 가짜 놀이》
구매 독자들을 위한 특별한 이벤트!

아이와 잘 놀아 주고 있는지 고민된다면?
'마음in심리상담연구소'에서 도와드릴게요!

추첨을 통하여 **총 3분**에게
마음in심리상담연구소에서 실제 진행되고 있는
놀이 코칭을 비대면으로 해드립니다.

참여 방법

1 아이와의 놀이 모습이 담긴 영상을 찍는다.
(15분~20분 분량, 자유 놀이)

2 책 구매를 인증 할 수 있는 사진을 찍는다.
(구매 영수증, 주문 내역 캡쳐 등)

3 maumin19@naver.com으로 영상과 구매 내역을 보낸다.

'마음in심리상담연구소'는요

풍부한 임상경험 및 전문적인 심리상담 지식을 갖추고 있는 기관으로서,
아동과 청소년 및 성인들의 심리적 문제를 선별하고 진단합니다.
특히 아동의 문제에 따라 놀이치료, 언어상담 등을 실시하고 있으며, 자녀
문제로 힘들어 하는 부모들을 위한 양육코칭 및 부모 교육을 체계적으로
지원합니다.

〈마음in심리
상담연구소〉
블로그

부모 중심 놀이에서 벗어나 아이 주도 놀이로 나아가는 힘

진짜 놀이 VS 가짜 놀이

초판 1쇄 발행 2024년 4월 1일

지은이 양선영
펴낸이 민혜영
펴낸곳 (주)카시오페아 출판사
주소 서울시 마포구 월드컵북로 402, 906호(상암동 KGIT센터)
전화 02-303-5580 | **팩스** 02-2179-8768
홈페이지 www.cassiopeiabook.com | **전자우편** editor@cassiopeiabook.com
출판등록 2012년 12월 27일 제2014-000277호

ⓒ양선영, 2024
ISBN 979-11-6827-181-4 03590

- 잘못된 책은 구입하신 곳에서 바꿔 드립니다.
- 책값은 뒤표지에 있습니다.